地平線文化
Horizon Books

聲音的力量

喚醒聽覺，讓聽覺進化，與好聲音共振

傑克（陳宏遠）·············· 著
「超波導引」共振系統研發人、「聲活美學」創辦人暨技術長

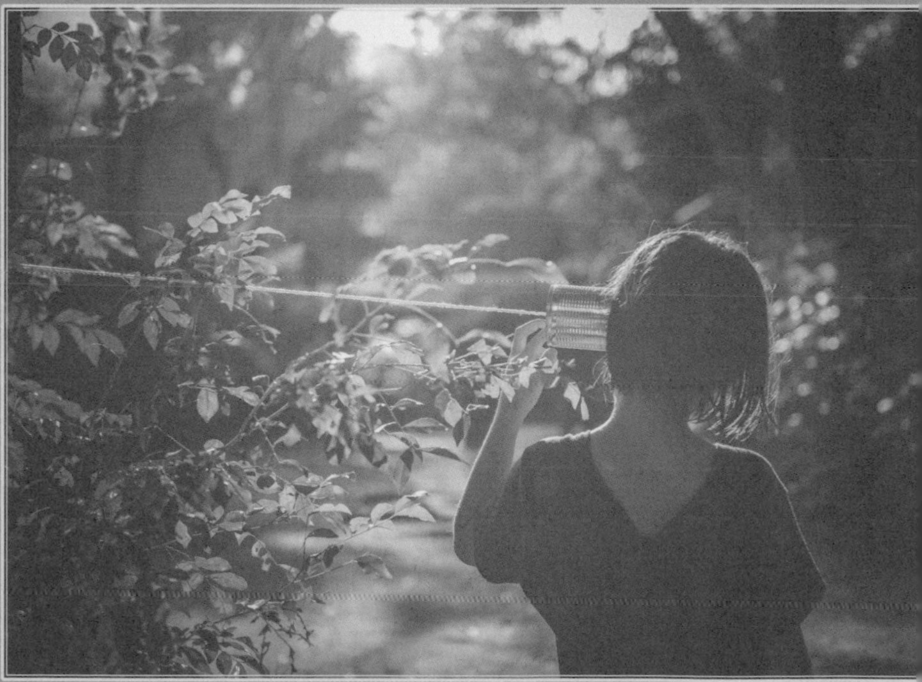

The Power of Soun

【共振推薦】（依姓名筆畫排序）

——**王榆鈞**（音樂家）

——**吳均龐**（《銀光盔甲》作者、音樂家李泰祥弟子）

聲音的力量？有關聲音，通常是用大小、強弱、優美、粗獷等形容詞，陳宏遠（Jack）別具巧思的採用「力量」兩個字，撰寫了一本由各種不同的角度，以中西樂器結構為案例，對於聲音的力量，作出了深入淺出的詮釋，創作出一本令人愛不釋手的好書！音樂愛好者，音響發燒友，專業藝文表演者，樂器製作職人，隨意聆聽音樂的逍遙賢達，都可以由這本用詞平易近人，章節切分井然有序的書中，豁然領悟到聲音是多麼的有「力量」！在這個科技日新月異，彈指可聆聽到五彩繽紛的聲音之際，《聲音的力量》可以引領讀者到更上一層的化境！

學習養生的過程經常有機會接觸音樂治療，有歐洲的也有大陸的，當然也有台灣的大師。但是長期以來在聽了許多這類音樂，也參加過幾場試聽會，都沒什麼感覺。

——**吳清忠**（《人體使用手冊》作者）

直到認識了陳宏遠老師，在他那裡聽了音樂，當下感受到音樂直接振動了經絡，不同的樂器振動著不同的經絡。原來他創造了一種全新的高場域音響技術，改善了聲音的品質，才會有這種效果。有一天有點感冒，用高場域音響聽了蔡琴的歌聲，發現過程中肺經振動得很明顯，不知不覺間就睡著了。原來音樂真的可以做柔和的經絡按摩。太棒了！

——**李嗣涔**（台大名譽教授）

——**杜篤之**（電影錄音師 × 聲音盒子有限公司負責人）

——**黃大旺**（聲音藝術創作者）

目錄

The Power of Sound

【前言】
我相信，好的聲音充滿各種可能

大家好，我是傑克。朋友都說我是聲音的瘋子，一輩子不計任何代價探索聲音。我研究聲音三十年了，現在回頭來看，這一場漫長而有趣的探索之旅，似乎是從一支口琴而展開的。

從一支口琴開啟的驚奇旅程

我小時候沒有學過樂器，直到高中參加了口琴社，才開始和音樂結下不解之緣。那時我負責社團的錄音，錄音過程裡發現，奇怪，同樣是這個團隊，在教室裡錄的音，和在音樂廳裡錄的音，竟然完全不一樣，這讓我感到十分好奇，為什麼空間會讓錄音品質這麼不同？後來，我又發現，即使在同一個空間裡，觀眾很多或觀眾很少，竟然也會對錄音造成影響。就這樣，我的聽覺開啟了另一個維度。

因為當時社團演奏的曲目以古典樂曲為主，我也因而進入古典音樂世界，對錄音品質的要求也愈來愈高。為了滿足雙耳的超高標準，加上對完美音質的狂熱追求，我成為利用工作之餘ＤＩＹ改造音響的發燒友。

也因為在演奏廳聆聽現場演奏和透過音響聽錄音的感覺非常不同，燃起我想進一步研究聲音的渴望。我一邊思考錄音與聲音「再現」的關係，同時也開始拜師學習製作古琴、小提琴，透過親手製作過程，瘋狂實驗各種木材、線材、造型、圖案、塗料、溼度、溫度……等對樂器、音響、耳機的影響，尋找提升音質的各種可能。

從音響發現人體與共振的相互影響

多年前的某一天，我在音響店試聽一組高級音響時，一位客人走進店裡參觀。

沒想到，這位客人一進門，立刻大幅降低了當時正在播放的音樂品質，原本讓老闆和我陶醉不已的聲音的光澤、音場，彷彿瞬間消失。音響店的老闆和我是老朋友了，我們兩人相視一笑，但沒多說什麼。等那位客人離開後，音樂又回到原來的美好，我和老闆再次相視而笑，因為老闆和我一樣，發現了聲音的變化。

這個經驗讓我們非常驚訝，也讓我印象深刻。從那時開始，我就開始思考人體、空間、聲音、共振的關連，進一步探索聲音的各種可能。

在那之後，我花了將近十年的時間，將過去二十多年的實驗心得化繁為簡，整理出「超波導引」(Superwave Conduction)的概念，以天然的材質，開發出可立即優化音質的「超波導引共振器」，以及「超波導引音質優化塗層」，用來因應各種不同材質，改善音質。

從好聲音、好共振，到身心平衡

二〇一七年，我成立了「聲活美學」(Master Acoustics)，正式發表「超波導引共振器」與「超波導引音質優化塗層」，並持續申請多款發明專利，也開始接受各種邀約、委託，為音樂家優化樂器，為發燒友優化音響，為展演空間優化音效。

二〇一八年，我參加身心治療師伊凡娜．德．布希恩(Yvonne de Bruijn)的「聲音療癒工作坊」。在課後交流時，我送了一個「超波導引共振器」給 Yvonne。Yvonne 試用後認為，它能與人聲療癒發揮加乘效果。這次經驗讓我想更進一步了解共振與人體的關係，於是開始與中醫界、聲音治療工作者合作，在各個領域裡探索超波導引概念的適用性。

二〇一九年，我在北京青雲國際文化藝術中心，創建「音聲療癒健康中心」。

二〇二〇年五月，我在台北啟動了「音聲療癒的二十一堂課」講座。十月，受邀在中華整合醫學健康促進會年度大會分享「音聲療癒與意識整合」。

二〇二〇年，十一月，《聲音的力量》出版。

聲景研究之父莫瑞．雪佛(Murray Schafer)說：「聲音充滿各種可能。」

我三十年來對聲音的探索，正是最好的寫照。我也期許自己能將上天賦予的敏銳聽覺、多年的努力心得，與更多追求好聲音、好共振的愛好者分享，希望能協助更多人提升聆聽或演奏品質、主動創造好聲音及好的共振，進而達到身心平衡。

前言
我相信，好的聲音充滿各種可能

PART 1

聲音
與好的聲音

當我們聽到聲音時，可能知道這個聲音相對是比較好聽的，或是比較不好聽的，但那也都不是絕對的。如果我們能找出判斷音質的標準，那就能有一套共通的語言，可以用來溝通什麼是好聲音、什麼是不好的聲音，或者用來描述或還原聲音的相貌。

Chapter 01

你眞的了解聲音嗎？

很多人第一次聽到自己錄音的聲音
都會覺得非常陌生，忍不住懷疑：
「天啊，這是我的聲音嗎？」
這時如果你問身旁的人，他們會說：
「對呀！這就是你的聲音啊！」
你一定很好奇，
爲什麼別人聽到你的聲音，
跟你聽到自己的聲音不一樣？

在我們一起展開這一趟關於聲音的探索旅程之前，首先我想和大家分享一個我親身經歷的小故事。

很多年前，我和一位音樂家朋友進入了黑膠唱片的世界。有一次，我們一起聽小提琴名家海飛茲的錄音，那張黑膠本身已經有點「年紀」，可說是古董級了，加上過去的保存狀況不是很好，所以當音樂傳出後，我覺得音質很差，因為除了樂曲外，還聽到很多像炒豆子一樣的「沙沙」聲，背景雜音非常明顯。

沒想到，我的朋友竟然覺得超棒的！原來，他專注聆聽的是海飛茲豐富的演奏技巧，沉醉在大師流暢的指法、出色的運弓裡，完全進入海飛茲的音樂世界，對於雜音充耳不聞。

故事說到這裡，各位想必發現了：我和朋友聆聽音樂的角度完全不同。這次獨特的經驗讓我體會到，每個人對聲音好壞的感受都不一樣，這也讓我進一步思考：每個人聽見的，究竟是聲音的哪一個部分？音質到底是什麼？什麼是好的聲音，什麼是不好的聲音呢？聲音的好與壞，有標準嗎？我們所謂的好聲音，到底是天生的，還是後天訓練的？歌神和天后們，到底是天生的歌聲好，還是他們本身的演唱技巧好呢？那麼，我們就一起來探索和解密吧！

聲音的三個面向：音量、音高與音質

從物理學的角度來看，我個人是從三個面向來定義聲音的，那就是音量、音高和音質。

音量的定義相對單純，它指的是聲音的大小和強弱。在西洋樂譜上常用兩個字母來指示演奏聲音的強弱，一個是f，即forte，代表強；一個是p，即piano，代表弱。在物理學或科學裡，則是用「dB值」或是「分貝(decibel)」來做為量測的標準，不過，這是一種相對的比值。

音高，是定義聲音的第二個面向，我們在學校裡上音樂課或學唱歌的時候，老師通常都會要求我們要「唱得準」。唱得準，就是指音高要準確。還有，無論是合唱、合奏，指揮也都會要求音高要一致。

音高的單位是赫茲(Hertz，簡寫成Hz)，目前一般使用的標準音高是四四〇赫茲，因為在一九五三年，國際共同決定改用A(Ra)這個音來當作標準音高，在那之前，標準音高是四三二赫茲。每當我們到音樂廳欣賞交響樂團演出時，如果多留意一下，就會發現團員在正式演出前會根據一個標準音此起彼落地調音，他們正是以四四〇赫茲來為整個樂團音高定音的。

過去，大多數人是利用音叉[1]來定音的，音樂家就是使用四四〇赫茲的音叉，來當作調音的標準。不同國家製造的音叉，品質會有差異，準確度也會有些微不同，很多使用者習慣選擇德國製的音叉，因為德國製作的品質較受到信賴。隨著科技的進步，現在還有其他選擇可用來當作調音參考，比如說電子調音器，或是手機App，使用起來都非常方便。

Shutterstock

音叉可用來當作調音標準。

不管是人聲、樂器、音響，前面所提到的音量和音高，都可以用客觀的標準來找到共同的溝通方式，但是關於音質，至今尚未有客觀標準可定義。因此，當人們在描述音質時，往往都會用比較抽象的形容詞，也因此我們可以發現，在音樂領域裡，無論是音樂課程，或是專業演奏者，他們注重的通常是「音準是否準確」，或者是「曲風的表現有沒有達到個人要求的標

1 調音用的音叉大多由金屬製成，敲擊音叉時，它只會發出單一的頻率，波形單純，因而可用來當作調音的標準。音叉發出的音高，由分叉處的長度來決定。現在也有人運用音叉發出單一頻率的特性，以不同頻率的音叉來進行聲音療癒。

準」……等等，但是關於音質這件事，目前我們仍缺乏一個共同的標準，或是可以溝通的語言。

在這裡，我想再舉一個自己的經驗來進一步說明。

為了研究音質，我曾經拜師學習製作中國的古琴和西洋的小提琴，當時就有一個很有趣的發現：音樂家在意的地方和我不太一樣。

記得有一天，一位樂團首席帶他的學生到我老師的工作室，準備選一把琴。前一天，老師和我花了很多時間，先篩選出幾把我們認為不錯的琴，方便音樂家來了之後可以直接從中挑選。我們篩選的時候，也對這些琴做了一些分析和評價，大致知道哪幾把琴的聲音比較好，哪幾把琴我們覺得比較一般。

隔天，樂團首席帶著學生來了，選琴的過程裡，我發覺音樂家很有想法，但那位學生對自己的判斷卻沒有把握。更有趣的是他們最後選的琴，竟然不是前一天我和老師都認為的「好琴」。

這件事讓我深刻體會到，每個人對於音質若不是沒有想法，就是缺乏自己主觀的判斷，因此，關於音質才會一直沒有共通的標準。

好聲音有標準嗎？

在簡單了解定義聲音的三個面向後，接著我們來看一下：什麼是好聲音？什麼是壞聲音？

事實上，這個問題到現在為止也還沒有明確的標準答案，因為大多數人都還是透過形容詞來描述自己的感受，例如在很多歌唱競賽節目裡，常會聽見導師稱讚參賽者：「太棒了！」、「太美了！」、「哇，這個聲音讓人起雞皮疙瘩！」在國外的選秀節目裡，導師的評語也都是：「It's amazing!」、「Wonderful!」、「Fantastic!」。

這些都是很正面、很具鼓勵效果的形容詞，可惜都不是針對音質的精準描述或評論。它們聽起來好像是客觀的，其實還是相對主觀的，因為每個人的身體、耳朵會如實反應出對好聲音和壞聲音的感受，他們脫口而出的形容詞，傳遞的仍是較為直覺的感受，或喜好喜程度。

例如，大多數人聽到很尖銳的煞車聲，會心頭一緊、眉頭糾結；如果在教堂裡聽到合唱的聖歌，眉頭會舒展，心情會覺得很詳和，這就是耳朵跟身體感覺的直接連結。就像我們的眼睛在看東西一樣，即使看的是同一張圖片，每個人的判斷和感覺也都不太相同。圖片雖然是客觀的，但顏色和影像進入我們的眼睛之後，我們的身體會基於個人經驗做出主觀的判斷，所以每個人「看到的」並不是完全一樣的。聲音也是如此，當我們聽到聲音時，可能知道這個聲音相對是比較好聽的，或者是比較不好聽的，但那也都不是絕對的。

如果我們能找出判斷音質的標準，那就能有一套共通的語言，可以用來溝通什麼是好聲音、什麼是不好的聲音，或者用來描述或還原聲音的相貌，更可以藉由這套標準來學習判斷音質。正因為這樣，我慢慢發展出評斷音質的六大指標，這六大指標，就是高音、中音、低音、平衡、共鳴與特色，至於如何透過它們來分析聲音的好壞，我會在下一章進一步說明。

好聲音是天生的？還是後天訓練的？

不知道各位有沒有聽過自己錄音後的聲音？當你透過手機等錄音設備錄下自己聲音，然後按下播放鍵播出來時，相信很多人第一次聽到自己的聲音都會覺得非常陌生，忍不住懷疑：「天啊，這是我的聲音嗎？」這時如果你問身旁的人，他們會說：「對呀！這就是你的聲音啊！」你一定很好奇，為什麼別人聽到你的聲音，跟你聽到自己的聲音不一樣？

這是因為其他人聽到的聲音，是兩種聲音共同呈現出來的結果，那就是你的聲帶振動之後，經由口腔傳遞出來的「直接音」，再加上周圍環境的「反射音」。如果是透過機器錄下來的聲音，同樣也是這兩種聲音的結合。至於你聽到自己說話的聲音，其實還多了另一種，那就是經過顱腔共鳴、從內部振動自己耳膜後所產生的聲音。這個聲音其他人聽不到，錄音機也錄不到，只有自己聽得到。因此，我們聽到自己說話的聲音，與別人聽到的、甚至錄音機錄下來的都不一樣。

了解這個原因後，我想你應該也就可以理解：人體其實就是一個天然的樂器。那麼，聲音好、歌唱得好，究竟是天生的，還是後天訓練的呢？

雖然各界看法不一，但我個人認為，主要決定因素還是天生的條件。因為人類的顱腔構造決定共鳴和音質的好壞，因此，人聲音質的好壞，主要決定因素來自於天生的構造，其影響甚至可能高達六〇％以上。

我們經常會在朋友分享的短片裡，看到很多小孩完全不懂歌唱技巧，也沒受過專業訓練，但是他們的歌聲就是讓人覺得好聽，甚至讓人感動流淚。這是因為他們天生的顱腔結構和胸腔的比例，讓他們擁有發出好聲音的自然條件，將來都有機會成為出色的歌手。這也是為什麼臺灣有很多優秀的歌手是原住民，例如阿妹、阿LIN或胡德夫等，因為他們天生的顱腔結構就占了優勢。

此外，歌聲的好壞，有近四〇%與後天的訓練、歌唱的技巧有關。譬如說，做菜好不好吃，與兩件事相關，第一是食材的好壞，第二是做菜的技巧。大家都知道，好的牛肉其實不需要太多烹調或醬汁，稍微煎一下，加一點海鹽，就很好吃了。如果牛肉本身不是太好，就可以透過烹調的技巧、加點醬汁來增加美味。聲音也是同樣的道理，天生音質好，歌聲動聽流暢，自然就會充滿能量的流動，可是如果天生條件不夠好，音質不夠完美，也沒關係，還是可以透過技巧、練習來改善或提升。

歌神、天后是歌聲好，還是歌唱技巧好？

大家都知道費玉清宣布退休了，但他的聲音依然留給大家很深的印象。他的高音很圓潤、自然，可以聽出天生條件很好，還有多年經驗磨練出來的成熟歌唱技巧。當他跟周杰倫合唱〈千里之外〉時，周杰倫的聲音相較之下有點像雲朵未開，但費玉清的聲音則是流動性非常強，一開口就讓我們感覺好像天上的雲開了，一抹陽光灑了下來。

蕭敬騰也是非常優秀的歌手，天生的條件或許沒有像費玉清這麼好，但他的演唱技巧很出色，比如說他唱〈王妃〉時，「夜太美」這句一出來，一聽就知道是他唱的，因為他最主要是用喉音的共振，這樣的特色風格，使他的聲音辨識度很高。在女歌手方面，阿妹絕對是頂尖，她與蕭敬騰合唱〈一眼瞬間〉時，可以聽到出她的歌聲非常飽滿，天生的好音色，再加上聲音能量的流暢度，她的特質和蕭敬騰是完全不一樣的。

以上這些例子，都讓我們更進一步了解：好聲音是與生俱來的，但如果經過後天的訓練、歌唱技巧的精進，都可能像費玉清、阿妹、蕭敬騰等天王天后那樣，既保有個人特色，又難以超越。

Chapter 02

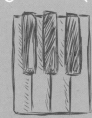

你聽得出好聲音嗎？

運用六大指標，快速評斷音質

如果高、中、低音都處理得很好，
我們會聽到聲音是三維振動的，
同時能感受到它們包覆著身體，
而且很輕鬆就聽出聲音的所有細節。
當高、中、低三個聲音能夠分離，
聲音當然就能呈現出立體感。

在上一章，我提到我透過經驗發展出評斷音質的六大指標，也就是高音、中音、低音、平衡、共鳴與特色，而且可以運用這六大指標來判斷聲音。

我也提到了費玉清、蕭敬騰、阿妹這幾位歌手的音質各不相同的地方，還有，人聲其實就是人類自帶的樂器。其實，從人聲來理解音域的範圍，是最直接的練習方法。接下來，我們就以人體這個「天然樂器」為例，試著解析音域的範圍。

如果透過人體結構來區分音域，共鳴範圍在鼻腔以上的，大致可以稱為高音；共鳴範圍在鼻腔和喉嚨之間的，大概屬於中音的範圍；共鳴位置在喉嚨以下的，大部分都屬於低音的表現。不知各位有沒有注意到，高音在上方、中音在中間、低音在下面。為什麼是這樣呢？

高音：為什麼高音能像水晶一樣通透、穿越靈魂？

我們先來談談高音。在所有的聲音當中，高音最具穿透力，也是最容易吸引注意力的。例如在馬路上，救護車有優先行駛權，車上的警報器一定是高音，才能引起所有用路人的注意。還有，不管是女高音或男高音，相對來講都比較容易讓人留下深刻印象，例如，很多人都認識多明哥、帕華洛帝這幾位世界級男高音，卻很少人說得出男低音的名字，或許原因也就是高音比較容易吸引注目，而低音對我們的耳朵來說比較難辨識，因此也比較容易受到忽略。

想辨識人聲或樂器聲音的好壞，高音的表現往往也是非常關鍵的因素，因為音質好的高音，會帶來下面幾種感受：

1. 它擁有水晶般的通透感，讓人著迷。

2. 它能引發、帶動聆聽者的情緒。

3. 它能穿越五感。例如，有時聽到某個聲音，明明是耳朵聽見的，卻不自覺流下了眼淚，這就是好的高音所發揮的影響力。

4. 好的高音甚至可以貫穿你靈魂的深處，帶來療癒的力量，這也是高音之所以引人入迷的原因。

如果你聽過帕華洛帝或惠妮·休斯頓的歌聲，就會發現，他們的高音品質都會帶來前面提到的幾種感受，因此才能打動這麼多人，讓粉絲因為他們的歌聲而迷醉。

為什麼他們的歌聲具有這樣的魔力呢？還記得前面談到，高音的共鳴範圍在上半部嗎?他們的聲音之所以這麼觸動人心，就是因為高音上揚的能力比別人強。從這裡我們又可以進一步分析，好的高音都具有以下幾個特質：

1. 一定有好的揚升能力。
2. 除了揚升能力外，也有好的投射能力。
3. 帶動中音和低音：聲音先能夠上揚，才有機會能投得遠，也才能同時帶動中音和低音的解析能力，這樣的聲音才是好的聲音。

接下來，我們就來分別談談高音的這幾個特質。

第一個特質，也是最重要特質，就是揚升的能力。高音要能夠上揚，才能帶來美好的聆聽感受。有一句成語叫「餘音繞梁」，就是形容好的聲音，尤其是好的高音，聽起來彷彿能上揚到屋梁處縈繞不去，因而也會一直迴繞在聽者的腦海裡，令人久久難忘。不過，如果高音無法揚升，聽起來就會卡卡的，很不舒服。因此，先聽聽高音有沒有上揚的能力，就能很快判斷聲音的好壞。這也是為什麼我檢測樂器時，會先聆聽高音的部分是不是有上揚延伸的感覺?是不是有尾韻?如果上不去，尾韻又不長，肯定扣分。

還有，有些演唱者的歌聲不但能上揚，身體的共鳴點也能跟著上移，甚至超越到人體之外——在頭頂的上方產生共鳴點。有些人認為，這樣的演唱者的聲音品質，可說是進入了一種「神聖的狀態」(holy status)。一個人的歌聲能帶來「神聖的狀態」的感受，就表示他的高音具有非常優越的上揚能力，甚至能上揚到靈魂的層級。

接下來我們再聊聊高音的第二個重要特質，那就是高音的投射性。聲音上揚以後，如果又能投射得很遠，就會帶出一種如絲綢般滑順的高貴感，也就是所謂的聲音的質感。如果高音只有上揚，但沒有辦法投射，聲音聽起來就會顯得空洞、飄忽。

無論人聲或樂器，高音都需要展現投射能力。例如，有一把小提琴在排練室裡表現相當不錯，大家也覺得它的聲音很好，沒想到上台演出時，卻發現整個樂團的聲音把它的聲音壓制住了，中排和後排的聽眾根本聽不清楚。

為什麼排練時聽起來很不錯的聲音，一上台就無法顯現特色？這是因為這把琴高音的投射能力不夠好。如果小提琴的高音投射能力夠優秀，聲音不但要能投射到音樂廳的最後一排，還要能產生一種溫暖、療癒的感覺，而且樂團的音量再大都壓制不住，它一樣可以穿越而出。

這裡我想特別提醒一個重點：樂器音質的高級感，與高音的揚升、投射能力息息相關，但與樂器的音量無關。一把琴的音量或許夠大，可以讓最後一排聽到，但如果少了其他特質，未必能夠帶來美好的聆聽感受。

高音的第三個特質，就是好的高音能夠帶動中音和低音的解析能力。如果高音能夠上揚，就會拉開聆聽時的空間感，這時，中音、低音聽起來也會更加清晰，這也是我多年反覆測試、實驗後的心得。

中音：為什麼中音既醇厚，又有感染力？

人類的語言溝通大都是落在中音的範圍，因為對人類來說，感覺最舒服的音域是中音，感情交流的關鍵也是中頻。

不知各位有沒有看過默片？默片因為沒有聲音，沒有對白，因此只能透過比較誇張的表情或肢體語言來傳達情感，但能引起觀眾的共鳴卻相對有限。電影加入了聲音後，有了對白，能傳遞的情感就更豐富了。

再想像以下兩種情況：如果有人隔著玻璃對你又指又罵，但你聽不到他的聲音，另一種是沒有玻璃，他的叫罵聲聽得非常清楚。哪一種情況更會挑動你的情緒？

除了人聲，判斷樂器的音質時，中頻也是很重要的關鍵，因為一般樂器的中頻聲音比較穩定，如果中音的表現不好，很難帶動高音和低音的表現，這樣的樂器也就很難有好的平衡，更不可能有特色。

相對於高音的上揚，中音的行進方向是迎面而來的。判斷中音的好壞，必須注意兩個很重要的關鍵：

1. 形體感。
2. 解析度。

我們先談談第一個重要的元素：形體感，就是所謂聲音的 body，也就是要有肉，要有厚度。

舉例而言，大家很熟悉的蔡琴的歌聲，她的中音就非常出色，是屬於有厚度的中音，十分飽滿。有人甚至認為，從蔡琴的歌聲裡，可以感受到她透過豐厚雙唇的振動所傳遞出來的情感。因此在電影《無間道》裡，我們看到劉德華和梁朝偉坐在音響前面，靜靜聆聽蔡琴唱〈被遺忘的時光〉時的那種感動。

好的中音的第二個元素是解析度。解析度如果足夠，我們能聽到的細節就會更多，細節更多，聲音的輪廓就愈清楚。

這就是為什麼有些好的錄音作品能讓人感受到，演唱者就像站在面前似的，我們似乎能隱約感覺到他的身高、嘴唇的位置，甚至他與其他樂手之間的相對距離。這種形體感明顯、解析度足夠的中音，不但很有感染力，也能帶動情感的交流。因此，能讓人感動的聲音，通常中音部分都會具有這兩個特質。

低音：為什麼好的低音能振動你的褲腳？

低頻的物理特性，是每秒振動的次數相對較少，而且它的指向性比較差，大部分聲音都會往下沉潛，所以一般人比較不容易像高音一樣立刻注意到，也比較難辨別清楚。因此，低音在音質的領域裡也比較難處理。

低音的好壞，需要依照兩個很重要特色來判斷：

1. 聲音下潛的能力夠不夠快、夠不夠好？
2. 彈跳的力量是否夠強？也就是它下潛之後還能不能再彈跳起來？

以下就針對這兩個重點做簡單的說明。

好的低音，要有足夠的下潛力量。如果低音無法下潛，我們就沒有辦法感受到樂器底板的振動，這個低音就不算是好的低音。

這裡我想提醒一下，所謂感受不到樂器底板的振動，不是指音量的大小，而是指感受不到低音往下沉潛的力道。如果低音不是往下沉潛，而只是維持在某個平面，聲音聽起來就會輕浮，不夠厚實。

例如，小提琴最粗的那條弦是最低的音，當琴弓拉過琴弦，或用手指撥弦時，它發出的聲音如果能往下潛，我們就能感受到底板在振動，也就表示可以這把琴會有不錯的低音。

至於好的低音要有彈跳的力量，是指聲音發出之後，要能夠有反饋的力道，要能夠彈回來。

例如，樂曲演奏時，如果希望讓聆聽者感受到樂曲的活性，就要靠低音的彈性來襯托。假如低音「咚」的一聲就散掉，沒有回彈的力道，就沒辦法烘托其他聲音，我們聽到的聲音也就會顯得鬆散，感受起來就不夠活潑。

有人說，聆聽好的低音，不只感覺地板在振動，甚至還感覺到褲腳也在振動。

這句話乍聽之下好像有點誇張，不過的確是可能的。好的低音有好的反饋和彈性，如果音響夠好，你也夠敏感，真的會感覺低音反彈上來時，似乎也振動了褲腳！

談到這裡，我們先回顧一下高音、中音、低音對音質不同的影響。

高音要能往上揚，而且要能夠投射得夠遠，才是好的高音。中音迎面而來，要有形體感，要有解析度，才能帶動情感的交流。低音要能往下潛，而且要有彈性和反饋，這樣聽起來就有活性，聲音會比較具有能量。

如果高、中、低音都處理得很好，我們會聽到聲音是三維振動的，同時能感受到高音、中音、低音都包覆著身體，而且很輕鬆就能聽出聲音的所有細節。無論是人聲、樂器或音響，好的聲音不會模糊，因為高音是往上揚升過來，中音直面而來，低音往下潛沉而來，當高、中、低音清晰可辨，聲音當然就能呈現出立體感。

平衡：無法掌握平衡，假音令人抓狂，樂團像在打架

接下來我們談談評斷音質的第四個指標：平衡。

所謂平衡，是指不同音域之間的平衡，也就是音色是否能夠一致。我來舉個例子說明，或許更容易理解。

當我們欣賞畫作時會發現，除了構圖，藝術家還會留意墨色濃淡的平衡，或是顏色輕重的分布，這麼一來，畫作看起來就會具有和諧的美感。聲音也是一樣的道理。在聲音的表現上，如果音色不是很一致，失去了平衡，高、中、低音無法連結，聽起來就會很不自然。

如果以人聲為例，最常遇到以下兩種狀況。

第一種是在使用假音的時候。因為個人音域的侷限，有些人唱到高音時會使用假音，但再轉回正常音域時，如果轉換的音色一致，而且自然，聽起來就很會滑順，沒有勉強的感覺。假如唱高音時使用假音，但轉回原來聲音時銜接不好，就會出現音色不平衡的問題。

另外一種狀況出現在平常比較少用的音域。

每個人都有自己習慣的、舒適的音域，歌唱時可以輕鬆表現的，就屬於舒適音域。相對來講，我們也有平常比較少用的音域，當你唱到這些比較少用的音域時，由於不習慣，或是缺乏練習，歌聲的表現就容易顯得不自然，音色也就會缺乏一致性，當然就會影響聆聽音質的感受。

前面是以人聲為例，那麼，平衡對樂器音質的影響又是什麼?以弦樂器來說，如果弦的材質比例不對，高、中、低音同時發聲時，就會出現音色不平衡的狀態，而且無法互相共振。或者，其中某條弦的音色特別突出，無法融入其他弦，這時也會出現不平衡的狀況。甚至有些琴的高音、中音、低音三種音色完全不同，聽起來好像是三把琴，但卻同時出現在一把琴上，可想而知，這把琴的聲音也就不會平衡了。

古典吉他的演奏家非常重視音質，平衡就是非常重要的關鍵，因為當他在輪指的時候，如果六條弦的音色不一致，音色會一直轉變，不但完全無法平衡，那種不協調的感覺也會非常明顯，當然也就不會好聽。這就是平衡對於音質的影響，以及它為聆聽者帶來的不好感受。

在樂團重奏的時候，也容易發生音色不均衡的狀況。例如樂團演出協奏曲時，經常會邀請優秀獨奏家擔任客座，這些受邀的音樂家，必須在短時間內和一個樂團合作，這時很容易就會發生整體音色不均衡的狀況。為什麼?因為客座的獨奏家往往非常突出，未必能與團員的音色水乳交融。這樣的情況下，指揮的功力就非常重要，他必須找出客座演奏家與樂團之間的平衡，以免樂曲失色。

共鳴：不是音量大就叫共鳴好

評斷音質的第五個指標，就是共鳴。

所謂共鳴，包括泛音的豐富程度，以及殘響的長度。一般來講，樂器的共鳴是指聲波經過共振或折射後，在腔體裡產生的聲音，因此，想評斷共鳴好不好，我們比較在意的是它延續的時間，因為延續的時間愈長，泛音才可能更加豐富。

以人聲而言，我們透過聲音在身體共振腔裡持續的時間長度來判斷，也就是聲音在顱腔的振動能夠維持多久。若是樂器，則要看延音是不是夠長，簡單來講，就是聲音要能向外傳遞，而且延伸的時間要夠久。

以吉他和中國古琴為例，演奏者用手撥弦時，手指會感受到這個聲音的反饋，同時聲音的振動也會持續，然後再從琴體傳回自己手上。換句話說，演奏者能感受到樂器的共振。如果是鋼琴，鋼琴家在彈下琴鍵的瞬間，手指產生的觸感，以及鍵盤的反饋，會讓他有「人琴一體」的感受。因此我們可以知道，樂器的共鳴愈強，演奏家的感受也會愈直接，不但他會感受到自己和樂器一起振動，這場演奏的效果也會有所不同。

我再以檢測一把小提琴的經驗當作例子，來說明共鳴的延伸。

當我撥動小提琴最低音的那條弦時，我同時也會在心裡默數節拍，例如，當來到第七拍時，我的耳朵已經聽不到聲音了，但手上還能透過底板覺察到琴身的微微振動，這就是琴的共鳴。接著我再依序撥動其他三條弦，同樣也可以發現，底板振動比聲音延續更久一點。

以我測試的這把琴來說，因為A弦跟E弦的聲音很快就衰減了，但G弦和D弦的聲音延續比較長，很明顯的，低音那兩條弦的延音時間，比高音、中音那兩條弦來得長。因此我可以判斷，這把琴基本上低音部是優於高音部的，也因此，雖然是同一把琴，但聲音的共鳴也可能因為每個音域的表現不同而有所差別。這是挑選樂器時一個很好的參考指標。

在這裡我想提醒另一個重點：共鳴好，並不是指聲音大。音量大雖然有助於共鳴，但更重要的是尾韻要能夠延長，尾韻夠長，它的共振才夠久，這樣一來，即使聲音小，也算是好的共鳴。反之，如果只有膛音、腔體音，沒有共鳴聲，聲音就會發散，聽起來就不會令人感動。

特色：缺少辨識度，唱得再好也無法讓人記住

最後，評斷音質的第六大指標，就是特色。

所謂特色，也就是辨識度，辨識度是讓聲音能夠脫穎而出的重要關鍵。我們都知道，有些人雖然唱得很好，聲音好、技巧好，但如果聲音的辨識度不夠，就不太容易讓別人記住，可能聽到時會聯想到其他人，卻不知道他是誰。因此，判斷音質好壞時，特色也是很重要的關鍵因素。

好的樂器也是一樣。例如，以鋼琴來說，史坦威鋼琴不但是知名品牌，更擁有鮮明的特色。它有像皇家或貴族般的華麗感，聲音一出現，就像公主、王子出場一般，展現出高貴的氣質，讓人一聽就知道是史坦威。尤其它的高音質感華麗、動人，這就是屬於史坦威的辨識度，也就是它的特色，可見這是好聲音不可或缺的要素。

至於人聲，演唱時詮釋歌曲的韻味，也是一種特色，這可以讓音質大大加分，對歌手來講非常重要。比如說，前面提到的蕭敬騰、阿妹，還有伍佰、林俊傑、蘇打綠主唱青峰等，他們個人音色的辨識度都非常強，相信大家一聽就知道是誰在唱歌。這是這幾位歌手能夠成名並保有個人風格的重要因素，也是為什麼我把特色列入評斷

音質的六大指標的原因。

以上就是我認為適合用來評斷音質的六大指標，這是我基於過去經驗而整理出來的標準，當然免不了多少帶著我個人的判斷。不過，我之所以想提出來和大家分享，主要還是因為我希望在談論音質時，如果能夠有比較清楚的指標，在討論或評斷的過程裡，就比較能夠有共通的語言，也就更能掌握每個人聲或樂器的差異。

看完這一章，相信你對音質已經有了不同的理解和想法，對於如何評斷好聲音，也有了更完整的概念了。或許你也可以試試看，透過高音、中音、低音、平衡、共鳴、特色這六大指標，練習分析各種人聲、樂器或音響的聲音，慢慢提升對音質的敏感度。

Chapter 02

你聽得出好聲音嗎：運用六大指標，快速評斷音質

PART 2

好的共振，是好聲音的源頭

我認爲好聲音除了要能三維立體傳遞外，聲音還必須要鬆，而且又有勁道，聽起來輕鬆，但又夠扎實。換句話說，就是要能透過好的共振品質帶動足夠的力量，將聲音集中在一條軸線上，再傳遞出去。

Chapter 03

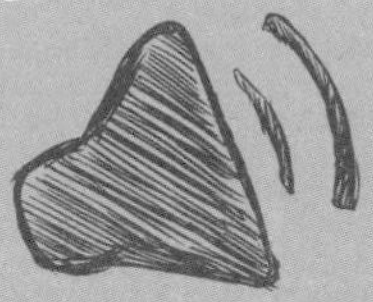

共振聽得見，也看得見？

這位聲樂家對聲音非常敏感，
她可以光聽一個人的聲音，
就能判斷出對方可能長什麼樣子。
因此，儘管她沒見過電話另一頭的那位朋友，
還是能在十幾個人當中指認出對方，
因為她知道對方頭顱的形狀是什麼樣子。

在上一章我們提到，當音樂家演奏樂器時，如果能感受到自己與樂器之間的共振，就會有人琴一體的感覺，演出效果也會特別不同。接下來這個故事，則是音樂家因為遇到共振品質非常好的樂器，在樂器的引領下，共同創造出不同以往的表現，讓我印象深刻。

我有位好朋友是小提琴家，幾年前，他把小提琴交給我，希望我能幫忙提升這把琴的音質。我花了很長的時間，反覆調校，直到認為已經把琴聲調到比較滿意的狀態後，才把琴交還給他。那天晚上，因為終於完成朋友交付的重責大任，我睡了很安穩的一覺。

沒想到，隔天我接到他的電話，他竟然對我說：「傑克，這個琴你調完以後，我覺得不太好。」

我大吃一驚：「什麼？調得不好？我經手調整的琴這麼多，你是第一個說我處理不好的。到底是怎麼回事？」

「你知道嗎？這把琴跟我這麼多年了，結果你調完以後，變得非常好拉，而且聲音非常……共振非常非常好。」接著他激動地解釋，因為琴的變化太大，讓他既興奮又好奇，結果停不下來，把多年來練過的曲子幾乎全部重拉了一遍！也因為琴幾乎就像另一把新的琴，即使他拉的是熟悉的曲子，感覺卻很不一樣，所以他說：「不好的地方，就是你讓我昨晚一夜沒睡。」

了解來龍去脈後，我總算鬆了一口氣：「原來是這樣，不是因為琴的聲音處理不好，那我就放心了。」

「不只是這樣，還有一個非常神奇的經驗，我一定要跟你分享。」

「什麼經驗？」

「你知道嗎？我練琴練了十幾年，有個樂章裡，有某一段曲子，我其實一直過不了那個關，大部分時間拉到這裡都是卡卡的，都沒有達到我想要的境界和層次，可是我昨天晚上突破了。」

「哇！你怎麼突破的？」

「是這把琴帶我突破那個難關的。以前我一直覺得是我的指法、技巧不夠好，所以用了很多心力，拚命練習，即使用上將近八、九成的經驗或技巧，還是無法突破技術的關卡。可是昨天晚上我拉到這一段的時候，我發覺這把琴的敏感度提升了，很容易就達到我期待的狀態，所以我只需要六到七分的技巧，這把琴很輕鬆的就把我帶過那個難關了。」

他的分享讓我發現，原來，樂器音質的提升，竟然還能夠為演奏者帶來這樣的改變，甚至還能帶領音樂家進入另一個演奏的境界。

為什麼會有這樣看似神奇的狀況？這是因為琴體的共振大幅改善，靈敏度跟著提升，演奏者因而可以輕鬆展現技巧，為樂曲增添風格和韻味。朋友的這個經驗，就是說明共振重要性的絕佳例子。接下來，讓我進一步為各位說明，共振這個影響聲音的關鍵因素。

從聲音共振可以「聽出」人的頭形？

共振既然是影響聲音的關鍵因素，如果我說，共振不只聽得見，而且還可以看得見，可能大部分讀者都會懷疑，怎麼可能？就讓我再分享另一個朋友的經驗，幫助大家理解。

幾年前我去北京時，遇到當地一位著名聲樂家的先生，他和我分享他太太的經驗。他說，有一天他和朋友在講電話，但他太太——也就是那位聲樂家——覺得他說明不夠清楚，就把電話接過去，向對方再做解釋。聲樂家在電話裡和這位朋友聊了好一會兒，不過他們從來沒有見過面。經過兩個星期左右，聲樂家夫婦一起參加其他朋友的聚會，聚會中大概有十幾個人，但聲樂家在人群裡，一眼就猜出之前跟她講電話的是哪一位。

她的先生非常訝異，說：「你怎麼知道是他？你又沒見過他？」原來，這位聲樂家對聲音非常敏感，她可以光聽一個人的聲音，就能想像出對方可能長什麼樣子。因此，儘管她沒見過電話另一頭的那位朋友，但兩個星期之後，還是能在十幾個人當中指認出對方，因為她知道對方頭顱的形狀是什麼樣子。

為什麼這位聲樂家光聽電話裡面的聲音，就可以「聽出」對方的長相？這是因為特定的聲音，有特定的共振腔位置，而影響人聲共振腔位置的最重要關鍵，就是顱腔的結構。

各位可能都遇過這樣的狀況：有人感冒時，說話的鼻音變得很重。這是因為鼻子塞住了，改變了顱腔共振的結構關係，所以聲音也跟著改變了。還有，前面提過，費玉清的高音動人，很輕盈、很鬆透，能讓聲音輕鬆上揚，最主要也是因為他的顱腔結構有利於高音揚升，因而有這樣出色的表現。

從這兩個例子可以知道，特定的聲音來自於特定的共振腔，而所謂的特定共振腔，則和腔體的形狀與結構有關。了解這一點之後，接下來我們就可以開始往下探索，樂器的形狀與聲音共振的關係。

為什麼提琴面板上有兩個 f 形狀的洞？

不知道大家有沒有注意過，吉他、中國的古琴、西洋的提琴，它們出音孔的數量和形狀都不一樣。

吉他是大家都很熟悉的樂器，它的面板上只有一個圓形的出音孔，而且非常大。

中國的古琴或許知道的人較少，其實它就是諸葛亮在唱〈空城計〉時彈的那種琴，也稱「七弦琴」，至今已有數千年歷史。古琴的出音孔位於背板，如果把琴身翻過來，就可以看見背板上有兩個出音孔，一個在中段，一

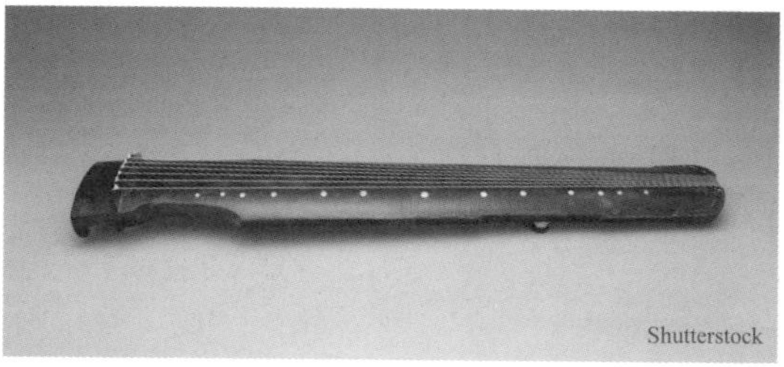

古琴已有數千年歷史，又叫七弦琴。

圖左爲小提琴的琴橋，右爲大提琴的琴橋。

小提琴面板上有兩個 f 孔，位於 f 孔之間的是琴橋。

個在尾端，而且都有非常好聽的稱呼：龍池與鳳沼。

至於西洋的小提琴，它同樣有兩個出音孔，但位於琴上方的面板，西方音樂界稱為f孔，因為它的形狀就像字母f字母，而且是左右對稱的。

這三種樂器的出音孔設計都不同，背後有什麼原因呢？

除了琴的出音孔之外，還有一個配件叫做琴橋，又稱為琴馬，它對聲音也有很大的影響。小提琴、大提琴的琴橋樣式類似，中間都有孔洞，但高度、大小不同，為何會有這樣的設計呢？這些樣式，與聲音又會有什麼關連呢？

我在製琴的過程裡陸續思索過這些問題，現在就讓我為大家一一解密吧。

西方弦樂器的出音孔，大多設計在面板的正面，又稱陽面，小提琴正面有兩個f孔，若仔細看這兩個出音孔，會發現中間都有一個小切口，就像是f字母上的那道橫線。

f孔的形狀對音色有極大的影響，它的小切口位置，也是安置琴橋的基準線，琴橋要對準切口放置，才能讓面板的共振均衡擴散。由於小提琴的琴橋位置非常接近弓與琴弦接觸的點，因此能快速將琴弦的振動透過琴橋傳到面板，再依序傳到音柱、底板，然後再向上反射。此外，f孔上方和下方各有一個圓形結構，透過這樣的設計，就能讓力量集中，把聲音有力地傳送出去。

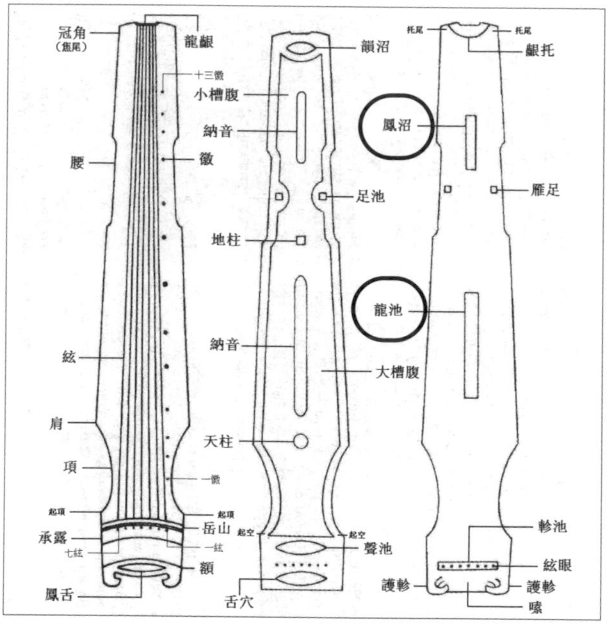

古琴琴身構造。圖左爲面板，圖中爲琴腹內部，圖右爲底板。

吉他的音孔設計就不太一樣了，主要是因為吉他是用手撥彈的，它的出音孔相對比較大，發聲位置沒那麼接近琴橋，所以聲音會比較鬆散、比較擴散一點，這也是吉他的聲音沒有那麼集中的原因。

至於東方的樂器設計，很多出音孔都在陰面，例如中國的古琴就是這樣，剛剛提到的龍池與鳳沼兩個出音孔，就安排在琴的底板上。

樂器的出音孔如果在陽面，聲音會比較外放，比較容易擴散，相對來講，比較能夠帶動氣氛，容易達到眾樂樂的效果，因為所有人都能很清楚聽到透過樂器傳遞出來的情感。至於出音孔在陰面的樂器，相對來講，聲音比較不容易發散，所以聽起來比較收斂，比較沉穩，這樣的設計，就不屬於眾樂樂的樂器。由此也可看出，東西方樂器設計的哲理大不同。

為什麼古琴有很多形狀，小提琴只有一種？

除了出音孔，樂器的形狀對聲音也有明顯的影響，我們以西方小提琴和東方的古琴來做進一步的說明。

小提琴中間有一個較窄的腰部，腰的上方是比較小的空間，腰的下方是比較大的空間。上方的小空間，主要是讓高頻共鳴。中間的腰身，是為了讓聲音集中，並透過出音孔傳出。下方則是留給低音，所以有較大的共鳴空間讓低頻延伸，這是提琴設計的大致概念。

雖然小提琴結構大致相同，各家製作出來的琴還是有些微不同，只不過一般人難以區分，只有對形體觀察敏銳的收藏家，或是名琴鑑定師，才能從外型上的細微特徵，例如琴的模板、製作細節，甚至琴面或底板的弧度……等看出些微的差異，利用這些蛛絲馬跡來掌握琴的風格，判定琴的來歷與身世，判斷出它應該是哪個製琴家族的作品。儘管如此，小提琴的外形基本上還是沒有太大的差異。

東方樂器相對變化就比較多一點，例如古琴的造型設計就非常多樣。它的構造可先分為琴頭和琴尾兩部分，從琴頭往下是一段往內凹的圓形弧度，就像人從脖子到肩膀的弧線一樣，這裡就是琴肩。琴肩以下的琴身也有腰身，最後延伸到琴尾。從這裡可以看出，古琴是模仿人的姿態當作琴的設計基礎。

如果上網搜尋，可以找到很多古琴不同形狀的圖片，比較傳統的有仲尼式，另外還有神農式、伏羲式、落霞式、混沌式、蕉葉式……等。在台北故宮或北京故宮都收藏了歷代有名、不同樣式的琴，各有特色，如果有機會前往欣賞，就能更進一步了解，它們背後的設計思維和不同樣式之間的關係。

不論是出音孔，或外形的差異，我們可以發現，東西方樂器的設計除了反映出不同的哲思，也和演奏樂器的目的不同有關。

很多中國古畫裡都有文人與古琴的畫面，例如文人行走在山水之間，有位童子抱著琴跟在身後；或是文人坐在松樹下，撫彈膝上的古琴；又或者幾位知己圍坐樹下，一人撫琴，其他人品茶飲酒……等。此外，古人愛用「撫琴」這個詞來描述演奏古琴的動作，這背後傳達的，也是一種「意境」。

古琴的聲音很小，可以想像原本應該只是自娛，或彈給身邊少數知己聽的，這

很多古畫裡都有文人撫琴的畫面，
傳達出某種意境。

可能也是道家把古琴稱為「道器」，認為它能連結天地和自己的原因。因此，有人認為，彈古琴有一種與天地共振的感覺，就像一種自我療癒的過程。

音箱喇叭的形狀也會影響共振？

了解共振與樂器的關係後，由此來類推共振與音箱喇叭的關係，就很容易理解了。

不知道各位有沒有留意過，喇叭的設計往往是高音的單體在上方，低音的單體在下方。如果是三音路的喇叭，由上而下的排列順序一定是高音、中音、低音。

前面提過，高音的特色是上揚，中音是迎面而來，低音是下潛，那麼想必各位猜到了，音箱喇叭這樣設計，是為了配合高、中、低音不同的特質，

Shutterstock

三音路喇叭由三個單體組成，由上到下分別是：高音、中音、低音單體。

幫它們朝更適合的方向擴散。如果把低音移到上面，高音移到下面，原本低音要往下潛、高音要上揚，結果聲音出來後互相干擾，反而沒辦法聽到夠好、夠清晰的聲音。

如果再進一步觀察，高音單體都比較小，甚至還有更小的，如鑽石高音單體、超高音單體。為什麼呢？因為單體小，比較輕盈，相對反應快，振動也快，才有機會產生比較優質的高音，也更能夠協助擴散。

低音的單體相對較大，尤其具舞台效果的重低音單體更大，例如演唱會現場常會看到很大的低音喇叭，那是因為低頻的振動擺幅速度慢，需要夠大的振膜、夠大的空間，才能順利產生量感足夠的低音，讓現場的人能夠感受到低頻的振動。不過，大型振膜如果想將聲音處理乾淨，是一件很不容易的事。

另外，不知道大家有沒有想過，為什麼我們看到的單體都是圓的？為何不能是方形或是長方形的？

我看過方形的單體，但非常少，印象中多年前ＳＯＮＹ出過一款，那應該是具實驗性質的方形共振單體，價格非常貴，後來沒再出現，或許是沒有發展的潛力，也或許是對於音質提升影響有限，所以目前市面上大多數單體都是圓形的。

單體設計成圓形，主要是聲音整體的效果會比較和諧，如果單體或振膜不是圓形對稱，而且是有角度的，邊邊角角處的共振會不和諧，和振膜中央產生的共振也就不會和諧。

另外還有一種號角式的高音單體，因為號角的形狀像擴音器，方向性強，而高音是有指向性的，所以有助於高音的傳送，不過只有面對號角的人才能將高音聽得清楚，在其他方向聽到的高音就不夠清晰。相對來講，低音沒有指向性，所以很多低音喇叭的單體可以放在任何空間。由此可知，高音的指向性，以及低音的擴散性，對喇叭設計是非常重要的環節。

靜電式喇叭大多數是平面式的，因爲比較薄，通常單體也比較小。

市面上還有一種很特別的喇叭，叫做靜電式喇叭，它除了振膜比一般紙盆式薄外，單體的整體厚度也很薄。

靜電喇叭主要是平面式的，它的發聲原理不太相同，不是靠音箱共振，而是只透過面板細微的振動來產生聲音。

靜電喇叭因為薄，而且通常單體比較小，對於高頻的傳遞很有幫助，加上沒使用音箱，減少音箱造成的音染[2]，所以很多人喜歡它的聲音。不過因為結構的關係，還是有些不足的地方，例如振膜小，在低音方面有先天的限制，很多靜電式喇叭愛好者，往往會另加一個超低音來輔助。至於超低音如何與靜電高音、中音之間搭配並取得平衡，當然也是一個課題。

隨著科技的進步，音箱的箱體除了在形狀上開始出現不同的嘗試外，似乎還存在著很多的可能性，例如，音箱使用的材質也會影響共振的品質。目前很多音箱都用密集板製成，好的密集板經過烤漆後，整體看起來就像是鋁製的。此外，就像樂器設計一樣，也有不少音箱廠商會使用金屬、碳纖維、木頭等材質，或是其他融合現代科技的材質，當然，這些都會對聲音產生各不相同的影響。

為什麼形狀、圖案是造成映射、改變共振的媒介？

理解了形狀與共振的關係後，接下來我們再進一步探索，不同的圖案會形成不

2 音染：在音訊傳播過程中，聲音裡多出了某些原本沒有的成分。

同空間的映射，成為改變共振的一種媒介。

什麼是映射？英文叫 mapping，我們可以用一個數學公式來簡單解釋，那就是y=f(x)。如果x用來指實數空間（也就是我們現在生活的這個空間），f用來指圖形，y是虛數空間，那麼，這個函數公式就是：實數空間x，透過f(function)的運作，對y這個虛數空間產生了影響。

我們平常運用的算術，例如1+1=2、2x3=6，這些都是實數。事實上，我們在學校裡也學過虛數，而且虛數在數學領域裡發展得非常完整，只是大多數人對它一點都不熟悉，更不會在生活裡運用，因為我們生活在實數空間裡。不過，虛數既然是數學裡的一個定理，對實數空間難道不會有影響嗎？現在儀器測不出來，難道就表示不存在嗎？

我個人認為，圖案可以說是一個f，是一種function，是一種函數，也是一種功能，它可以改變共振，也會形成實數空間與虛數空間之間某種作

出現在英國威爾特郡的麥田圈圖案。

用力的往返，進而改變實數空間的共振品質，讓我們感受到虛數空間的存在。

讓我換個方式來解釋一下。

談到圖案，相信很多人應該都聽說過，在英國出現了很多麥田圈的圖案，有人認為那是真的，有人認為是人為的，至今仍眾說紛紜。對我來說，那些圖案，其實就像一個f函數，只是我們還不知道這個函數是怎麼運作的。我個人認為，麥田圈的圖案就像實數空間與虛數空間的轉換器，它藉由實數空間的圖案來影響虛數空間，虛數空間也可以藉由這個圖案來改變實數空間裡的現象。

我再舉另外一個例子來解釋。中醫學領域裡有穴道、經絡等系統，我們一般所說的穴道，例如合谷穴，裡面有我們看不見的氣和經絡，這就是一種虛數空間，雖然現在儀器還無法測量出來，但是利用針灸就可以調整氣與經絡，而這支針灸用的針，其實就是一個f，它刺激實數空間裡的合谷穴，來改變虛數空間裡的氣與經絡狀態，然後再反過來治療實數空間裡的身體狀態。

印度的脈輪，也是屬於虛數空間的運作，雖然現在科學還無法測量，但和中醫的經絡系統一樣，在虛數空間裡，有一個非常合乎邏輯的系統，目前也有愈來愈多科學家開始研究這兩個領域。

讓我再舉一個和我們生活更貼近的例子。

有些品茶老師告訴我，圓形茶壺泡的茶，比方型或其他形狀的壺泡出來的好喝。為什麼?在這裡我分享我個人的一些思考方向。

我認為，茶壺的形狀就是一個 f，它會決定虛數空間裡的狀態，而且會改變這個虛數空間裡的結構，再反過來影響實數空間裡的 x，也就是茶的味道。因此，當熱水沖入不同形狀的壺裡，影響了茶在虛數空間中的狀態，同時也回過頭來，影響最後我們在實數空間裡面喝到的茶的味道。換句話說，壺的形狀會影響水與茶葉的共振品質，同時也影響了茶在這個茶水空間裡共振出來的香氣及口感。

最後再舉一個我親身測試的經驗。有一次，我把世界各國的國旗、國徽輪流放在音響喇叭下方，結果發現，這些不同國旗、國徽多少都會影響共振品質，其中最明顯的，是以色列國旗的六芒星，讓我覺得既神奇，又有趣。

如果你的音響夠細膩、敏感，不妨也試試看，把不同國家的國旗、國徽，甚至不同的幾何圖形放在喇叭上方或下方，聽聽看，聲音是否出現微妙的變化?相信這會為你帶來全新的聽覺體驗。

為什麼聲波能讓沙形成某些圖案？

從實數空間到虛數空間，從麥田圈到茶壺形狀，再到國徽形狀，相信對很多人來說，這都是第一次接觸到的概念。接下來，我們再從另一個角度來探索，或許有助於理解圖案與共振的關係。

不知道各位有沒有聽說過，如果把沙放在鼓面上，不同聲波會讓沙在鼓面上形成不同圖案。關於這背後的原理，國外稱為Cymatics，也就是音流學，或稱為顯波學，最早是由德國物理學家恩斯特・克拉德尼(Ernst Chladni)發展出來的。

音流學主要是透過聲波，讓沙粒或水滴隨著振動來產生特定的圖案，因而讓聲音變成「看得見」。無論是在鼓面鋪上一層沙，或是在喇叭上放一杯水，當聲波傳遞進來，沙或水就會形成某種完美的幾何圖形。

在音流學實驗中，沙粒會隨著振動，慢慢開始改變形狀。

換句話說，在實數空間裡，聲波透過沙粒，讓我們看到它出現一個形狀，但在虛數空間裡，這個形狀其實是因為來自實數空間的聲音而改變的。

那聲波為什麼能使沙粒在鼓面上形成圖案呢？

聲波是立體的，更精準的描述應該說，它是多維度的，至少它是三維的。至於鼓面，它是二維平面的，因此我們只能看到在這個平面裡，沙把聲波的共振記錄了下來，形成神聖的幾何圖形。也就是說，沙粒把聲波中所含載的訊息，在二維平面上呈現出來，讓我們能看出它的變化。

從映射的概念來說，聲音影響著實數、虛數兩個空間，不過我們目前能觀察和理解的，大部分僅止於實數空間，因為實數空間可以量測得到，可以看得到，甚至可以聽得到。

從音流學的角度來說，我們是用眼睛看到聲音所創造出來的圖形，而不是聽見聲波的作用。此外，聲音的品質要夠好，才能夠創造出美麗的圖形，難聽的噪音，只會創造出可怕的圖形，這也說明，聲音直接影響了虛數空間，再反過來影響了實數空間裡的圖形。

我認為，聲音品質好壞，以及圖形美醜之間的關係，可能與聲音的共振品質有關。我從自己的實測經驗發現，一個好的圖案、很有能量的圖案，確實會影響聲音的共振品質，當然，這其中還有很多值得探索的空間，也還有更多的可能性，等待我們進一步深入研究。

Chapter 04

創造好共振的關鍵：樂器、音響、耳機都適用的五大元素

如果我們能更理解琴，就會知道如何調整，更重要的是學習仔細聆聽樂器的聲音，才知道如何發揮它的優點，改善它的缺點。同樣的原則也能應用在生活當中。

無論是音響、耳機的材質選擇，或是音響室的空間結構都會影響聲音的共振，當然，也會影響聆聽感受。

好共振，是好聲音的源頭

在這一章，我想和各位聊聊影響共振的重要元素，不過，我想先以影響樂器共振品質的五大元素來當作例子說明。這五大元素是我從調整樂器、優化音質的多年經驗中歸納出來的，不但適合檢測樂器，更能用同樣邏輯來挑選音響或耳機。

那麼，影響共振的五大元素是什麼呢？

1. 選材：選擇什麼材料，以及材料與音質的關係是什麼？
2. 材質處理：選好材料後，用哪種方法來處理材質，可以讓聲音優化？
3. 槽腹結構：琴的腔體裡，如何設計槽腹結構，才能優化聲音、改變共振？影響共振品質的關鍵因素又是什麼？
4. 漆的配方與乾燥程度：一般大家都認為漆會影響聲音，但是漆的乾燥程度，與聲音表現之間是不是真的有關連？
5. 配件：樂器的配件常被認為是附屬品，似乎不重要，事實上，樂器的配件和樂器的音質之間還真脫不了關係。

在開始深入分析這五大元素之前，我們先談談老琴與新琴的聲音差異。相信很多人不太清楚，除了老琴多一些歲月的痕跡外，新琴和老琴還有什麼不同？這些差異又是怎麼形成的？

這就要從提琴的發聲過程談起。當演奏者拿起琴弓拉琴的那一瞬間，琴弦的振動力量會透過琴橋傳到琴身。在琴橋靠近最高音弦那一側的面板下方，有一根音柱，聲音就這樣透過琴橋、面板傳到音柱，再傳到底板。在這電光火石的剎那，弓磨擦琴弦的力量，讓面板、側板、底板之間產生一股力量，改變了琴本身原有的應力狀態。

所謂應力，是物理學的專有名詞。當一個物體受到外力(external force)時，內部會產生一個內力(internal force)來加以平衡，這就是應力。

回到提琴身上來看，當琴弓運作的力量進入琴身，這個力量就是外力。琴的內部為了要加以平衡，就會產生內力。這兩股力量，就為琴聲帶來了變化。

如果以人跟人之間的關係來當作比喻，當兩個人面對面但不交談時，他們之間的關係似乎會有點緊張，也就形成了一種應力。如果他們開始溝通，就有機會化解這種壓力，如果有好的溝通，彼此就會更有默契，關係也就會更和諧。

提琴是由面板、側板、底板構成的，這三個部位使用了三種不同的木材。其中面板和底板雖是平面，但有凹凸，側板則是將木頭經過加熱，處理成彎曲的弧度，再形塑琴的腰身。

當琴弓拉動一把新琴的琴弦、帶動琴身的振動時，這三種板材會產生不同的應力，在琴身裡互相抗衡。由於三種木材的振動品質不一樣，反饋的力量也不一致，面板、側板、底板的不同振動，不但把彼此的力量消耗掉，還會透過內部的應力結構，把原本共振的大部分品質消耗掉，造成音色的不平衡。

至於老琴，由於經過長時間的演奏，面板、側板、底板之間的振動品質已經漸漸趨於一致。這就好像老夫老妻磨合多年之後，彼此也就慢慢沒有什麼火氣了。

當老琴沒有「火氣」，弓往琴弦一拉，力量往下傳送，琴身不再出現抗衡力量，應力消失，所以拉琴的力量順利傳到面板、側板、底板，振動一致，聲音反饋就變得乾淨、圓潤，聲音聽起來就非常和諧，再加上穿透力增強，更能打動人心。

這就是老琴和新琴的聲音有所差距的主要原因。

老琴的迷人之處，就在於這種聲音的和諧度，這是新琴難以比擬的。不過，不是所有老琴都是好琴，還是要根據琴身的設計，以及所有要素之間的搭配才能判斷。

一把老琴要能稱得上好琴，除了年紀老，聲音也要好，就算是名琴也一樣。例如有一把史特拉迪瓦里(Stradivari)的古董小提琴叫做彌賽亞，至今有將近三百年之久，很多名琴都複刻它的琴板尺寸，以它的比例當作規範，但是它的聲音如何呢？

據說彌賽亞當年製作之後就獻給皇室收藏，所以幾乎從沒有演奏過。如果真是這樣，我個人認為，雖然它夠老，但它琴身的應力是因為漫長的時間而部分消失，而不是透過不斷演奏的振動而造成的，所以聲音應該還處於相對較新的狀態。我們常說，剛買的新琴要不斷演奏，不停讓它發聲，聲音才會開，正是基於這樣的考量。經過長時間的彈奏，慢慢消除應力，琴聲就會愈來愈和諧，聲音也會逐漸優化。

初步了解新琴和老琴的差異後，接下來我們就正式進入這一章的重點：影響樂器共振品質的五大元素。

五大元素之一：選材

首先從選材開始談起。

很多年前，我為了進一步了解聲音與共振的關係，拜師學習製作中國古琴，也跟著好幾位老師學習製作西洋的小提琴。

對學習製作樂器的門外漢而言，最大的挑戰就是木工技藝，這是製作樂器的重要基礎，首先則要懂得如何運用每一種工具。為了會用鑿子、刨刀，甚至最基礎也最重要的磨刀，我報名參加了木工課，而且特地到臺灣某山區一所木工學校上課。課堂上，老師要求每個人在學期結束時要完成一件作品，而且要上臺分享自己的心得。

我的同學設計了各種桌子、椅子等家具，有人打算報名國際知名的紅點設計獎，還有人打算拿作品去申請歐洲的設計學校，每個同學的報告也非常精彩，都有自己的一番理念與想法。

至於我，我設計的是一個很簡單的音響架。上臺分享時，我描述自己在製作過程中，怎樣透過刀削過木頭時聽到的聲音，還有手上感受到的反饋力道，就知道這塊木頭本身的質地如何，同時還能推測出，當我把這塊木頭製成的架子放在音響室裡、把音響放在架子上時，會對聲音會帶來什麼樣的影響。

我記得非常清楚，當我講到這裡時，臺下一片安靜，老師、助教和同學都瞪大眼睛看著我。我想他們可能不知道要問我什麼問題，或者如何進一步和我討論，只覺得這位同學很怪。

不過，我確實知道，因為木頭的確會帶給我反饋。不同木材有不同的軟硬度、緻密程度，只要刀子夠鋒利，當它劃過木頭時，你的手就會感受到木材的潤度，也就是一種滑順感，同時還能感覺到水分、油脂、密度的不同。

我是音樂的瘋狂愛好者，一直以來就不斷鑽研不同材質和聲音之間的關係，為了提升聆聽品質，不知花了多少時間在調校音響，為了測試效果，更不知用了多少喇叭用的角錐來進行試驗。這些不斷累積的經驗，讓我能夠辨識木材的潤、乾、鬆、柴的程度，也知道木材是如何影響聲音品質，因此在製作音響架的當下，我就能知道手上的木材對聲音會有什麼樣的影響，還有我可以怎麼應用這塊木材。

木材的軟硬、緻密程度、油脂和水分的占比，是製作樂器選材的重點。

上完木工課後，我開始學製琴。這時的我，就知道不能選擇太年輕的木頭，因為新材的水分和油脂相對較多。不過，即使選用老一點的木材，也不能選保存狀況太差的，因為太乾枯也不適合做琴。如何選擇適當的老材來製琴，本身就是大學問。

老材的好處，是木材的油脂已經揮發到某種程度，比新材少一點，水分也乾得差不多了，剛好適合做琴。

我在製作樂器的時候，選材有三個重點，這三點都非常重要：

1. 木材的軟硬程度。
2. 木材的緻密程度。
3. 油脂和水分的占比。

以提琴來說，雖然面板、底板、側板三處都會用到木材，但面板和底板的選材還是最關鍵的。通常面板是用比較軟的木材，主要是雲杉，因為軟的木材容易振動，這樣在琴弦開始振動時，面板才能快速反應，隨之振動。底板則需要較硬的木材，例如楓木，因為底板的主要功能是反射。一硬一軟，一陽一陰，如此一來，底板就能和面板互相搭配，聲音會更豐富、有層次。至於側板則和底板一樣，通常多用楓木。

中國的古琴面板同樣也是選擇較軟的木材，多以杉木或梧桐為主。底板也用硬木，如梓木、水曲柳，或是楓木等，這些較硬的材質，能為琴聲帶來不同的豐富度。琵琶也是，面板主要使用梧桐木，底板有時會選擇檀木，如紫檀，或紅檀、黃檀等夠硬的木材，反射出來的聲音強壯有力，更能表現琵琶樂曲的特色。

這些不同的材質組合，讓軟的面板帶來鬆的振動，硬的底板帶來扎實的反射，定調了這些樂器聲音的音色走向，可說完成了樂器聲音的基本基因。

由此可知，不同的木頭材質，深深影響聲音的音質。事實上，即使是同一棵樹，從樹頂、樹枝、樹根，甚至到樹皮，硬度和密度都不太相同，因此，好的製琴師會知道如何從一棵樹上選擇不同部位的木頭，來造就更好的聲音。

我聽過這樣一個故事：古人進入樹林後，只要聆聽風吹過樹梢帶來的振動的聲音，就知道哪一棵樹適合做琴。當然，我的功力還沒這麼高，不過這個故事確實讓人對聲音有更多的想像，同時也讓我知道，愈自然的材質，對聲音的影響也愈自然。

隨著科技發達，目前發展出的很多複合材質，也成為製作樂器時率先使用的新材質，例如，碳纖維就是容易大量製造的材質。不過，這類材質對於聲音的影響如何呢？我個人認為，電子提琴或電子吉他雖然可以仿真，有些聲音聽起來確實很像，尤其透過音響喇叭放大時，更像是傳統樂器演奏出來的，但如果仔細聽細節，還是可以分辨出跟自然材質製作的樂器有所不同。

我想，這也是世界知名樂團很少會在正式演奏時採用電子提琴的原因。因為在全是自然材質樂器演奏出來的聲音當中，電子提琴的聲音獨樹一格，你的耳朵、你的身體，自然會感覺到那聲音或共振品質的不同。

五大元素之二：材質處理

了解如何選擇適當的材質後，接下來我們談談如何處理材質。

材質的處理是十分重要的環節，而且不論新琴或老琴都離不開這個環節，因為透過適當的選材與材質處理，才有機會製成一把好的新琴。即使老琴已經完成多時，也還是可以透過材質處理，讓木材產生變化。

材質處理最重要的關鍵是「加速老化」的程序，畢竟一般人沒辦法花兩、三百年的時間等待一把琴成熟。加速老化的程序，英文叫aging process，很多工廠都有這道程序，他們想盡各種方法，希望透過人為的方式，在保持纖維素不斷裂的前提下，讓木質素不斷產生變化，目的就是要加速木材的老化。

即使是處理材質，西方和東方的處理方法也有所不同。

西方大部分採用自然風乾的方式來進行老化處理。我到國外去挑選小提琴的琴材時，發現時間愈久的木材價格愈高，其實這些材料就只是靜靜放著，什麼都沒做，每年就會增值。這也是為什麼很多材料廠會囤積許多材質，因為愈老愈值錢。

所謂自然風乾的方式，就是在自然環境中，用簡單的防水布蓋在木頭上，讓大自然的溫度和溼度，以及四季的變化，自然改變木材的纖維素和木質素。接下來就是等待，等木材來到合適的時間，遇到有需求的人買回去製琴。

我的製琴老師曾告訴我古人是怎麼處理古琴琴材的，非常有意思，讓我印象深刻。原來，古人會把琴材「棄之激流」，也就是把它丟進河水裡，什麼都不管。

木材其實最怕乾了又溼、溼了又乾，反覆個幾次，就會開始產生裂痕或變形，之後就很難處理和使用。可是如果長時間處在溼的狀態，例如泡在水裡；或者長期處於乾燥環境中，只要溼度保持穩定，對木材而言都相對安全。

在棄之激流的過程裡，因為水的關係，而且是流動的水，會自然加速木質素和水分從細胞核代謝，這是另一種材質處理方法。然而，現今居住環境畢竟已經和過去大不相同，無法再使用這樣的方法，大部分還是以自然風乾來處理琴材。

無論是用哪種方式，當木頭經過長時間放置，來到穩定狀態時，就可以開始進行製琴的前置作業。如果有機會，各位不妨到知名鋼琴品牌的網站看看。例如，在史坦威、貝森朵夫，或是YAMAHA的網頁，都可以看到關於琴材處理的介紹。

木材到工廠後，一直到製成鋼琴之前，每家鋼琴製造公司都有各自獨到的處理方式，不過大致都離不開加速老化的程序，以及透過時間來讓木材自然乾燥。如果琴材沒有經這樣的處理，製作出來的鋼琴聲音不會太好。

雖然傳統處理木材的方式需要很長的時間，現在倒是可以運用科技來縮短乾燥的時間，並讓木材加速分解、老化，使水分和油脂達到最佳比例，盡快達到可以製作的標準，達到聲音的優化。

幾年前，我到北京參訪時，遇見一位有四、五十年經驗的老琴師。他過去應該是在中央音樂學院學製琴的，資歷沒有話講，也是知名製琴家。我去參訪時，他告訴我，他正在製作的是「未來琴」。

我聽了很納悶，問他：「什麼是未來琴？」

他解釋說，他雖然完全依照古法來製作小提琴，但現在做的琴，聲音都不好，要等到五十年、甚至一百年後，琴聲才會達到顛峰時期。我當場表示敬佩，因為他對於自己製作的琴，抱持著如此的堅持和信念。

雷氏家族是唐朝著名的斲琴師[3]家族，代表人物是雷威，他說過：「選材良，用意深，五百年，有正音。」意思就是斲琴的重點在於時間，也就是在古琴所上的灰胎要能夠乾透，大概需要幾百年的時間。因此，新琴的聲音比較占劣勢，老琴才比較有

3 斲琴師就是製作古琴的人。古代將製作古琴稱爲「斲琴」。

機會有好的聲音。

相信很多人可能會有類似的疑問：難道好的聲音只會出現在老琴？老琴都很貴，一定要等那麼久嗎？演奏者的演奏生命可能只有十年、二十年，如果一把琴要好幾百年才能成為好琴，那麼在人的短暫演奏生涯中，怎樣才能遇見一把正處於黃金時期的琴，造就自己演奏生命的黃金時期？

這就是我投入研究製琴、優化音質的一大原因。我希望所有演奏者或樂器愛好者，在他對音樂最有熱情、琴藝最成熟的這十到二十年、甚至三十年的時光中，能夠遇見一把好琴，而且是價位合理的琴，不需要太影響日常生活就能擁有，這是我研究聲音的動力來源。

我曾經和臺灣大學化學系教授戴桓青教授合作，因而有機會和他交流許多關於聲音的想法。前幾年他和奇美博物館合作，研究史特拉迪瓦里和阿瑪蒂(Amati)的名琴，並且發表了論文，刊登在美國國家科學院的期刊上，受到全世界矚目，也讓大家更了解，史特拉迪瓦里的琴除了漆的配方外，還有其他祕密。

戴教授透過化學理論證明了史特拉迪瓦里琴當年所使用的楓木材料，在尚未製作成琴之前，有經過特別的處理。戴教授從琴頸的木頭上削下一些木屑，在實驗室裡進行分析，發現木屑中含有鋁、銅、鈣、鉀、鈉、鋅等金屬元素。這有點不尋常，因為戴教授從同一個時期其他製琴家製作的琴中，並沒有發現這些金屬元素。

戴教授因而推論，史特拉迪瓦里對於琴材做了某種處理，導致琴聲與其他的琴不一樣。他認為，史特拉迪瓦里可能是在製作之前先將木材經過某種浸泡處理，浸泡液中應該含有礦物質的配方，而這麼做的原因，原本可能是為了防止蟲蛀，或防止真菌的孳生，也可能是為了避免琴材在低溫時發生乾裂。換句話說，史特拉迪瓦里當時的目的可能不是為了改善聲音，只是單純為了處理琴材，沒想到卻意外創造出獨特的琴音。

此外，戴教授在實驗中也透過核磁共振來檢測木材，並且發現了琴身的老化效應。經過三百年後，琴材大約有三分之一的半纖維素已經分解，這是自然的過程，也解答了「用老木材製琴比較好」的說法，因為經由分析發現，史特拉迪瓦里琴的木材吸水能力比之前減少了將近三五％，因此，許多名琴的楓木底板都有一個共同的特徵，那就是半纖維素慢慢降低、分解、自然老化。半纖維素降解，可讓木材相對比較乾燥，比較不容易吸收溼氣。少了水分影響振動，相對音質就能提升。

由於以上種種，目前許多製琴師推測：老化分解、木材處理，再加上長時期演奏的振動，三種因素加在一起，會對琴聲產生一種複雜效應，提升音質。不過，實際上究竟是怎麼運作的？以及會造成多大的影響？還有待更進一步的深入研究。

事實上，音響界對於材質處理也有自己的方法，其中較有名的是冷凍處理法。這是一般人可能比較難想像的，那就是將整組音響器材放到零下二百度、充滿液態氮的空間中，在超低溫中靜置。他們發現，經過冷凍處理後，當音響再回到室溫時，聲音竟然有所改變，變得非常好聽。

其實原因很單純，因為溫差消除了原來材質裡的應力。主機板的構成零件經由焊接，以不同的力量組合在一起，讓電流能在電路中通過，但電流也會遇到層層的障礙。透過液態氮負二百多度的低溫處理，再回到室溫時，很多應力就此消除，電流通過就會變得比較順暢，聲音聽起來確實也變得比較滑順，可見材質處理的確充滿神奇的力量。

近年來聽說也有人用冷凍處理方式來處理吉他的弦。他們把弦放進液態氮中，稱之為冰弦，彈起來的聲音比較 crystal，也就是有一種比較「冰脆」的感覺。原理相同，無論是金屬弦，或是尼龍弦外纏繞金屬，在拉製的過程中都會產生應力，透過冷凍處理後，有可能將應力消除，所以彈奏出來的聲音品質也會和以前不同。

無論是新琴或舊琴，其實都可透過材質處理技術來加速老化，甚至優化音質，只是大部分人不知道怎麼做。專業的處理者多半會透過風乾、泡水，或是冷熱處理的方式來讓應力消除。無論哪一種方式，都不能太激烈，因為一旦處理過頭，反而會劣化音質，這是要特別小心的地方。

此外，溼度的變化對琴身來說非常重要。以台灣或東南亞地區來說，溼度普遍較高，木材容易偏軟，再加上琴弦的力量往下拉，琴頸多少會稍微往下晃動。同一把琴若送到挪威或北京，因為琴身變得比較乾燥一點，雖然木材也會因此變硬些，但琴頸也會因此微微往上移。由此可知，琴在溫度與溼度不同的國家，會產生不同的微妙變化，手指在指板按下的深淺感受也不太一樣，這時可能也要適時調整琴橋的高低，因為琴頸只要偏移一點點，影響就很大，按弦的時候，可能就會感覺抗指或打弦。

也由於溫、溼度改變會影響樂器的音色，樂器照顧起來需要格外費心，因此有人認為，不如用碳纖維琴就好，不論去哪裡，無論溫度、溼度如何變化，琴都依然穩定。的確，現在很多人在旅行時，喜歡帶著碳纖維樂器輕鬆同行。不過，碳纖維琴的聲音和自然材質的樂器還是不太一樣，就像自然光和人造光帶來的感受就是不同，或者像合成的維他命可以量產、效果穩定，但還是沒辦法百分之百複製天然維他命。

講到這裡，讓我們來簡單回顧一下。

到目前為止，我們討論了選材對共振品質的重要，以及如何選擇好的木材。從宏觀的角度來看，選材的組合，定調了樂器的基因，決定了音色的方向。

其次是材質的處理，也就是利用各種方式來降低樂器組合時造成的應力，這是以微觀的角度，來探討如何經過材質處理技術，釋放纖維素與木質素之間的應力，進而改變聲音傳遞的速度與質感。另外，我們也談到了許多製琴師與工廠的獨家手法、工序，以及各自的製琴傳承。

接下來，讓我們繼續探討影響共振品質的第三個元素，也就是槽腹結構。

五大元素之三：槽腹結構

聲音是以三維立體的方式來傳遞的，也就是前面提過的：高音往上揚，中音往前來，低音往下潛。事實上，我認為好聲音除了要能三維立體傳遞外，聲音還必須要鬆，而且又有勁道，聽起來輕鬆，但又夠扎實。換句話說，就是要能透過好的共振品質帶動足夠的力量，將聲音集中在一條軸線上，再傳遞出去。

舉例來說，太極拳看起來緩慢、輕鬆，其實是依循著某條看不見的軸線在運作，因此擁有一種綿延的勁道。如果只是架式很鬆，卻沒有勁道，看起來就會像花拳繡腿，不耐看，對身體的幫助也有限。

如果我們把聲音比喻為一個圓，音樂變大聲，就像圓圈變大，但如果沒有一個軸心來支持、傳遞，就會感覺聲音不夠扎實，無法傳遞情感的波動。因此，聲音的這個軸線非常重要，而且要能與聲音的三維立體相輔相成。

影響樂器共振品質的第三個元素是槽腹結構，這也是一種三維立體的概念，因為槽腹結構的空間，就是一種是三維立體的結構。

關於槽腹結構有幾個重點值得注意。

1. 先從外形來看：吉他音箱比提琴大很多，而且吉他的面板是平的，提琴的面板是凹凸的，但它們的琴身設計都是葫蘆型的，中間有個向內縮的腰身，這樣的腰身設計，讓槽腹結構能夠集中力量，聲音就不會顯得空泛。

再來看看中國古琴。它的外型類似人形，也有腰身，只是腰身的設計不像吉他或提琴這麼明顯。

由此可以發現，這類的弦樂器都有腰身，這樣設計的考量，應該是如果無法集中聲音，會比較缺乏爆發力。這有點像我們捏住氣球中間擠出腰身後，氣球上下方的氣就會更集中飽滿，更有力量。

前面是從結構的外在來看槽腹結構與聲音傳遞的關係。現在換個角度，讓我們從內在來看看槽腹空間是如何設計的。

2. 槽腹空間內部要注意的第一個要素就是材質的厚薄。

我們在製琴的過程中，會用厚度計來測量每個地方的厚薄品質。現在有很多古老的琴可以參考，可以知道每個地方的厚、薄有什麼樣的差別，這些和聲音的品質又有什麼樣的關連。

莫拉西(Morassi)是義大利有名的製琴家族，家族大家長擔任世界製琴協會比賽的主席長達數十年，前幾年過世，現在由他的兒子西蒙(Simeone，即英文Simon)繼承衣缽。有一次我在臺北遇到西蒙，當面向他請益，問他是否能大致分享一下，他們製琴時是如何處理材質的厚薄分布的？

基本上這不是祕密，畢竟你把琴拆開後，量一量大概也就知道了，不過西蒙開玩笑地說：「不，傑克，這是我們家族的祕密，不能跟你說。」

事實上我想向他請教的，是如何思考厚度的設計這件事。當然，我雖然提出了問題，並不奢求解答，畢竟每個製琴家族都有自己的製琴思維，這也是為什麼後人會發現，史特拉迪瓦里的琴材厚薄，會隨著製琴師對琴的理解而改變。史特拉迪瓦里在製琴的幾十年裡，琴身版型更動過好幾次，材料厚薄設計同樣也調整過好幾次。換句話說，隨著他對聲音理解的提升，包括選材、材質處理等製琴步驟也都有所不同，每個階段都有不一樣的想法。

如果你真的了解聲音，看見琴材不同的厚薄設計，就可以知道製琴師原來的想法是什麼。如果你真的了解聲音，就可以從不同的厚薄之處，聽見聲音的不同本質。從這個角度來看，厚薄，是槽腹結構非常值得推敲的祕密。

現代科技日新月異，很多祕密也因而慢慢破解。例如，透過斷層掃描，現在連琴都不用拆，就可以看透。因此若想製作出一把和老琴厚薄一致、形體一樣的提琴，技術上不是問題，因為想了解厚薄、選材、規格，並不困難。

很多年前，對細節非常講究的日本人，就在現代儀器的協助下，用一比一的精準比例複製出老琴，甚至是史特拉迪瓦里的琴。可以想像，以日本工匠的精神製作出來的一比一複製琴，一定非常貼近原琴。沒想到，琴做出來後，聲音與原琴還是有很

音柱位於E弦正下方，必須使用專用調整器才能從 f 孔放入槽腹中。

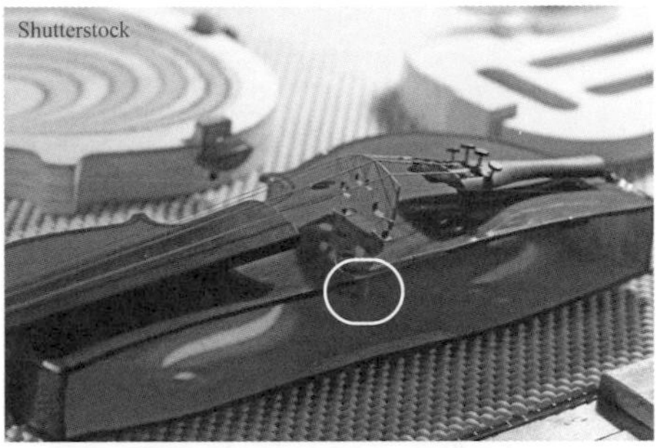

法國人形容音柱是「聲音的靈魂」。

大的差別，還是沒有辦法突破聲音的祕密。這也是為什麼很多人認為，琴的音質可能與板材厚薄的關係不大，或許和漆的配方或乾燥有關，關於這個部分，後面我會再進一步分析說明。

提琴的槽腹結構除了內外結構會影響共振外，其中的音柱和低音樑，也是重要的影響因素。

法國人形容音柱是「聲音的靈魂」。它是直徑大約五至六公釐的柱狀物，通常以雲杉製成，必須使用專用工具，才能從 f 孔將它放進槽腹中，並垂直放置在E弦正下方，而且它是活動的、可以拆卸或移動的。

音柱的材質、粗細、位置、角度，即使只是些微差距，都會影響聲音的品質。還記得有一次看見我的老師把音柱放進去後，用一個小錘子輕輕敲了幾下，看起來幾乎沒有用什麼力，結果拿起琴，一拉，聲音就不一樣了。

通常，音柱往前一點，聲音會更集中；往後一點，聲音就更發散；往左邊一點，會加強低音；往右邊一點，高音會發散。除了位置的微調會帶來影響外，音柱的材質是老、是新，對聲音的影響也非常不同，可見音柱的重要性。

創造出音柱的人，想必是非常有想法的天才。因為他對聲音的想像是立體的，不是只侷限於面板的厚薄，而是想到另外加上某個物件來改變聲音的品質，真是一種創新的發明。如果少了音柱，聲音的投射性、高音的傳遞力，就會大為失色了。

低音樑位於提琴面板下，就在G弦正下方。

一般來講，低音部分的琴材較厚，目的是讓聲音厚實。高音部分會比較薄，有利於振動，高音才能夠延伸，才能夠鬆透，才能有機會往上揚。

音柱的出現，對高頻的影響很大。因為音柱剛好就在E弦的正下方，所以對高頻的延伸與投射有決定性的影響。

高音補強了，於是又有人發明了低音樑，這也是一個非常聰明的發明。在槽腹結構中加入低音樑後，整個低音的振動面積大幅增加，明顯提升了低音的表現，聲音因而更加立體。發明低音樑的人的智慧，同樣也讓我非常佩服。

低音樑的位置就在最低音的G弦的正下方，貫穿整把琴，所以G弦一拉動時，振動了琴橋、面板，也振動了低音樑，再把聲音傳遞出去。

加上低音樑後，音色不但變得豐厚，而且會變得更大聲，感覺變得比較澎湃，而且會有振動感，帶來非常好的低音品質。

綜合前面所說的，我們可以知道，在提琴的槽腹結構裡，影響聲音的三大重要關鍵就是音柱、低音樑，再加上板材的厚薄。

提琴的結構設計相對比較複雜。樂器當中有音柱設計的不多，例如吉他的外型與提琴類似，也有很好的框架、類似低音樑的設計(雖然不是真的低音樑)，但沒有音柱。

接下來，我們一起來看看中國的古琴。

古琴也有音柱的設計，上下各一，稱為天柱、地柱，天在上，地在下，而且一個是方形，一個是圓形，就是「天圓地方」的概念。

從古琴構造圖可以看到，天地柱將底板與面板結合在一起，它們無法移動，也無法校正，功能是用來改善聲音共振的品質。

現在中國新一代的斲琴師當中，有人提議仿效西方製琴的概念，在古琴裡面加入低音樑，試著增加聲音的豐厚度。這個想法提出後，自然引發許多討論，畢竟有些人堅持古法，有些人贊成創新。

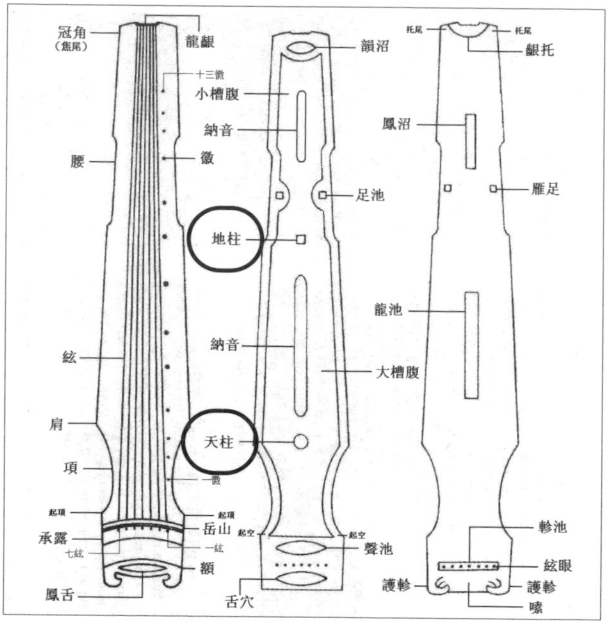

古琴也有音柱，稱爲天柱、地柱，形狀一圓一方。

無論如何，我認為，當年製作提琴的人在板材厚薄的概念確立後，能夠想到加上音柱和低音樑，就是非常創新的想法。

可惜近百年來，提琴製作不再有新的想法出現。

我自己經過三十年的研究後，對槽腹結構有了一些新的想法，希望這個概念能把提琴聲音的領域帶到另一個層次，目前我仍在嘗試調整，希望未來有機會能跟大家分享。

五大元素之四：漆的配方與乾燥程度

除了選材、材質處理、槽腹結構外，漆的配方和漆的乾燥，對聲音的共振影響也很大。

無論是提琴的漆，或者是古琴的灰胎，其實對聲音都具有關鍵影響力。一般提到影響樂器音色的因素，多會聯想到外表看得到的木材花紋或成色。不過，多年以來，由於很多人不斷嘗試破解名琴的祕密，許多製琴家、科學家也認為，古老名琴最大的祕密就在漆的配方，因此，人們逐漸對琴漆印象深刻。

琴漆當然會影響琴的音色，但它不是唯一的答

已完成琴身，但還沒上漆之前的提琴，稱爲「白琴」。

案。以下就來聊聊這個影響樂器共振音質的第四個關鍵因素：漆的配方與乾燥程度。

以西洋的提琴來說，還沒上漆之前，稱為「白琴」。這時雖然還沒裝上指板，但已經可以先進行試音，提供未來上漆、調校的參考。試音結束後，就可以準備上漆。

有些個人製琴工作室比較講究，會在上漆之前將白琴放在太陽光下，以二十度到三十度左右的溫度曝曬，每天曬幾個小時，透過陽光，慢慢消除琴的水分，還有應力。將近夜晚時，他們會再把琴收入屋內，避免吸入水氣。

各位如果用過烘乾機就知道，用機器烘衣服與用陽光曬衣服，效果不一樣。曬琴的原理也是一樣，因為陽光有更豐富的能量，可以消除水分和應力。有些人可能不太相信，不過它的聲音就是截然不同，這也是為什麼工廠製造的琴和個人工作室的琴本質上就有很大的差異。

開始在白琴表面上了第一層漆後，聲音品質也就會出現變化，因為漆會帶來硬度，增加振動。面板的材質原本比較軟，上漆之後，隨著漆一層、兩層、三層……往上加，硬度也不斷改變。不過，到底要上幾層才夠？這個問題沒有標準答案。講究的人，會不斷反覆上漆、試音，根據琴音的變化來決定。

由此可知，上漆除了增加美觀、具保護效果外，更重要的是能夠增加振動的彈性係數，使聲音的品質提升。

從木胚琴開始，在製作過程中，我們會聽到兩種聲音，第一種是「木音」，那是完全沒有上漆狀態下的聲音，也就是木頭振動的聲音。第二種是上完漆之後，漆與木頭一起振動的聲音，稱為「漆音」。這兩種聲音是非常重要的參考，而且木音與漆音的比例很難掌握，對製琴師是一大挑戰。

製琴師要能夠判斷木材與漆的比例，根據木音和漆音共振的效果，找出什麼時候能夠達到最好的平衡，才能決定上漆的程度。如果漆調整到某個程度還無法滿意，可能就必須把琴剖開，重新調整木材的厚薄。因爲這表示木音可能過多，必須稍減來搭配漆的狀態，讓漆音和木音可以更均衡。

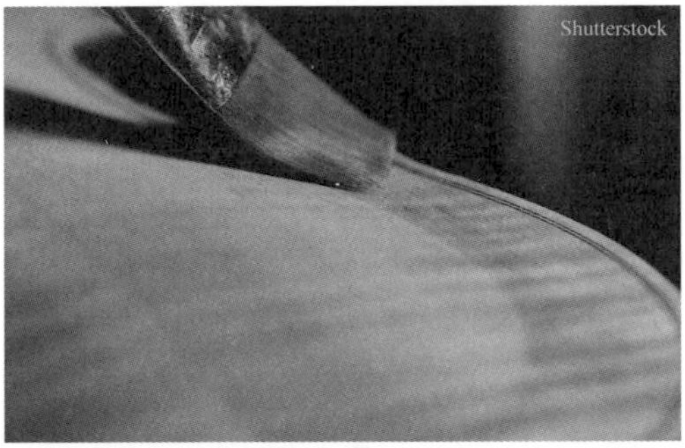

大部分製琴工作室選擇手工上漆。根據木音和漆音共振的效果，才能找到最好的平衡，也才能決定上漆的程度。

製琴工廠為了節省時間，通常會使用電動噴漆，上漆的過程很快，但大部分的個人製琴師都是用手工上漆，有時候可能刷上十遍，有的可能刷二十遍，更講究的，甚至會刷上三十遍。即使上了這麼多層，相對於木胎的厚度，漆還是算薄的。要留意的是，漆不是上得愈多，聲音就會愈好，決定的關鍵還是漆音和木音的比例，是不是來到最佳狀態。

基本上漆音是用來輔助木音的，所以製作提琴的過程中，首先要確認琴的木音是否符合製琴師期待的共振品質，然後再加上漆音來調整。有些製琴師對於聲音的理解不夠，只是按照古人的比例來上漆，並不了解木音的品質夠不夠好，漆音可以如何相輔相成，自然無法掌握木音和漆音的比例，聲音也當然不會理想。例如，漆音的比例過高，表示表面的硬度過硬，聲音會太亮，不耐聽。至於如何找出漆音與木音的最佳比例，讓琴聲保持最佳狀態，只能透過不斷的研究與學習。

談到漆，自然要了解漆的配方，這是最複雜、也最難突破的部分。我們知道義大利有一段很長的黑暗期，在克里蒙納(Cremona)地區，甚至整個義大利，有將近一百年的時間，製琴的人非常少。原因可能和疾病有關，也可能和環境有關，無論如何，因為時間太長，很多過去的老工序或老方法都已失傳，現在只能盡可能找尋以前的紀錄，或是用想像來傳承以往的工序。例如，雖然有很多老琴保留了下來，但漆的配方都已經失傳。不過我們可以推測，過去漆的配方一定跟現在的不一樣，而且漆的塗布方式也不太相同。

臺大化學系戴桓青教授在論文中曾提到，史特拉迪瓦里家族使用的塗層，是經過數百年的變化之後，才達到現在這樣的效果。因此，即使我們在琴身使用同樣的塗層，也沒有辦法達到相同的效果，一、兩百年後是不是會一樣，也沒有人知道答案。

有時我忍不住會想，史特拉迪瓦里當年製琴時，因為做工講究，選用的材質也相對好，他的作品在當時也算是名琴，但史特拉迪瓦里應該沒有聽過這些琴真正的好聲音。他雖然是知名製琴師，但那些琴的聲音發揮到極致時，他並沒有機會聽到，因為直到他過世幾百年後，這些琴才慢慢受到世人重視，成為公認的名琴。

有些科學家試圖以逆向工程(reverse engineering)的方法，詳細分析史特拉迪瓦里的塗層內容，不過因為漆已刷上了幾百年，要再做逆向工程其實非常困難，或許未來科技有可能實現。我也請教過戴桓青老師這個問題，他說目前確實有些困難。這些琴從表面上來看，好像就是上了一層透明的漆，或像加了一些有色的光亮塗料，乍看下似乎沒有什麼特別之處。不過如果仔細來看，它的漆所展現的光澤，跟現在漆的效果還是不太相同。

很多製琴師認為，只要有好木材、好的技術，大致可以做出品質接近，聲音也很好的琴，但能讓琴聲產生巨大變化的，還有漆的配方和上漆方式。有些人從史料中考據，發現在明末清初，差不多也就是義大利製琴的顛峰時期，有很多送往歐洲的貨物清單裡都提到中國的大漆，也就是生漆。因此，有些人提出了這樣的假設：當年有沒有可能生漆對歐洲的製琴界也產生了某種影響？當然，這有待進一步的研究，不過我們可以從中看出，漆的配方多麼受到製琴家的重視！

近百年來，西洋小提琴漆的配方大致可分為兩大類：

1. 酒精漆
2. 油性漆

酒精漆以酒精為主要溶劑，再加入各家的配方。酒精漆非常薄，使用後，聲音會變得清脆，有助於發聲。一旦塗上酒精漆，很快就可以發出很明亮的聲音，而且表面光澤感也非常好，加上因為很薄，所以也非常快乾。

不過酒精漆也有缺點，上漆三、五年後，聲音就會開始偏空，不耐聽，很多提琴家都有這樣的反應。我的經驗是上酒精漆的琴，一開始都很好聽，但沒幾年表面就開始變得很乾，並且會脆化。不過要恢復也很簡單，只要送回原廠，重新在表面再上一層漆，聲音就會回復。

酒精漆只要上得好，聲音其實也不錯，而且對工廠而言，酒精漆更實用。因為不管是用噴漆、手塗，早上上完，幾乎下午就乾了，就可以再進行下一個工序，所以適合大量生產的工廠。除了高級訂製琴外，其他的琴使用酒精漆的比例很高。

對我來說，選用哪一種漆並沒有太大的區別，重要的是要能掌握漆的特性，以及漆與聲音之間的關係。能夠善用某種漆，找到自己需要的聲音，這才是關鍵，不需要一味的肯定或否定某一種漆。

油性漆以油脂為基礎，大部分以亞麻仁油為基底，再加上昂貴的松香、琥珀、蟲膠等各種配方。製作過程中，為了要使油脂融解，必須加熱，會產生一些味道，火候又不好掌握，失敗率很高，所以油性漆的製造過程，就是複雜的功課。

還記得我有一位小提琴老師就對油性漆很頭痛。他是很認真、細心的製琴師，能做出非常漂亮的琴，從外觀的細節就可以看出他刀工之精準細膩，琴身之完美，令人讚歎。我跟他著一路學習，直到完成木胚琴階段，即將進入漆的配方與漆的乾燥程序時，他告訴我：「傑克，這個部分我放棄了。」

我問：「老師，你對製琴這麼投入，怎麼會說放棄呢？」

他回答：「我被漆打敗了。」

接著他打開櫃子，裡面應該有上百種配方，然後他開始講述自己慘痛的經驗。

原來，在調漆、煮漆的過程裡，他不知道失敗了多少次，做出來的漆大多數都不能用。好不容易花好幾個月才做出一把琴，結果因為漆的配方不好，上漆以後，不是無法乾，就是乾燥的狀況不是很好，經常要洗掉重來，使他非常沮喪。最後，他決定不再自己製漆，而是向他的老師的老師購買已經製好的漆來使用。

由此可見，提琴漆的專業門檻有多高。無論漆的配方、調漆過程，還是漆的變化……等知識，都是複雜的學問。有些油性漆如果配方調得不對，塗上後，表面看起來是乾了，但內層即使經過一個星期、兩個星期、一年、兩年，甚至一輩子都不會乾透，這是一般人很難想像的。

即使油性漆的難度這麼高，為什麼這麼多知名製琴家還是喜歡油性漆?原因是油性漆不像酒精漆那樣馬上就乾，所以對振動的反應不會那麼直接，有機會讓琴的聲音變得溫潤，聲音的軸線相對較飽滿扎實。好的油性漆可以帶來好的共振，琴聲因而較能傳遞感情，所以大多的演奏者都喜歡這樣的琴。

不過，剛上完油性漆的琴，基本上聲音都不好，因為油性漆變乾所需要的時間非常長，要等上好幾個月，聲音才開始慢慢變好，有的要到三、五年之後，漆音與木音的比例才能夠剛剛好，聲音才會更豐富，味道才會慢慢傳出來。因此，如果是使用油性漆的琴，就要經過長時間的等待，它發出的聲音才會慢慢讓人接受。也因此，它的生產時間就會非常漫長，成本也因此提高，價格當然也不便宜了。

中國古琴在用漆的概念與提琴不同。演奏提琴的時候，手指是壓在烏木製成的指板上來控制音高的，烏木的硬度高，禁得起按壓。古琴的面板木質較軟，而且演奏時左手是直接按按在面板上，長久下來，面板容易塌陷，琴面也會因而受到破壞。

古人很有智慧，運用漆來解決這個問題。他們在生漆裡加上其他配方，塗在琴身，琴的面板表面因此變得較為堅硬，除了可以承受直接按壓之外，也很耐刮，不會被振動的弦刮傷。

古琴使用的配方，與提琴的酒精漆、油性漆完全不一樣。除了生漆外，另外還加了鹿角霜、瓦灰、八寶灰，甚至銅粉等材料。瓦灰是用屋瓦搗成的灰，八寶灰則由不同材質組合而成，有各式各樣的配方，搭配古琴的灰胎後，發出來的聲音也不同。這也是為什麼古琴的聲音被古人稱為

古琴的面板木質較軟，長久演奏按壓，容易破壞琴面，因此漆的配方有不同成分，可用來保護面板。

「金石之聲」，聆聽起來非常療癒。

生漆保存的時間非常長，而且成分單純，只要保存妥當，幾乎不會產生變化。我們在博物館看見那些出自漢墓、超過千年的漆製品，它們的光澤度、亮度和品質幾乎沒有變化，保存的狀況非常好。

現在有些製琴師對古琴的製程非常了解，也開始思考，如果將生漆運用在提琴製作，效果會如何?的確有不少人這樣嘗試過，但大部分的效果都不是太好，我個人認為有幾個原因：第一，他們是從西方製琴的工序和角度入手，對生漆的掌握技術相對不是很純熟。第二，生漆成分中的漆酚容易造成皮膚過敏，有些人很難忍受。第三，純度高的生漆取得不易。其實反過來看，如果把提琴的漆的配方用在古琴上，也有需要克服的難題，因為漆的硬度無法支撐琴面，如果用酒精漆或是油性漆刷在古琴上，琴面很快會凹陷。

我們一路談到這裡，相信各位已經發現，製作樂器不容易，想製作出兼顧外形與聲音的樂器，更是難上加難。

首先是外觀要符合樣式、要有好的槽腹結構，這已經是非常講究的工藝。其次要對漆的配方與乾燥過程有足夠的認識，還需要很好的耳力，才能掌握漆音與木音之間的關係，並且還要知道如何動手調整，每一關都是門檻。

選對漆後，要面臨的考驗是「乾燥」。當我們覺得琴表面的漆乾了時，其實漆的本身還處於持續乾燥的狀態，這是一種進行式，一層一層往裡面慢慢乾燥，需要很長的時間。

我個人認為，漆並沒有真正乾透的時候，只是持續變乾而已，除非這個漆已經變成粉狀、脆化了，可能才接近乾透。因此，縱使有一把琴是三百年的老琴，我還是覺得它的漆還沒有乾透，仍然在持續乾燥中。

如果漆的乾燥程度好，基本上聲音就會變得比較直接，反應就會比較快，有一定的脆度，也有一定的活性，但又不失豐富性。想要擁有人琴一體的感受，漆的乾燥跟木材乾燥程度的搭配，也是關鍵。

「好琴需要時間」，這點相信大家都沒有異議，我也同意。不過，一把琴要能處於最佳狀態，我覺得可能至少需要一百年。如果演奏者在演奏生涯顛峰能夠碰到狀態最好的琴，就有加乘效果。提琴家常常換琴，原因就是他的演奏顛峰和琴的顛峰沒辦法合拍。從這個角度來看，人與琴的相遇，某種程度上跟談戀愛也是很類似的。

我個人認為，史特拉迪瓦里的琴最好的時刻，並不是史特拉迪瓦里在世的時候，而是大約在琴完成一百年以後，琴的聲音慢慢才得到世人的重視，所以現在很多人也才有機會演奏他的琴。

當然史特拉迪瓦里的琴也不是每一把琴都很出色。他活了九十歲，而且有弟子幫忙製琴，所以不是所有琴都出自他的手。他的工作室一共生產了將近一千把琴，這麼多年下來，有些折損，有些耗損，但還是有些琴得到適當的保存，留存到現在的有數百把，其中少數非常傑出，擁有獨特的特色，很多人喜歡，也很少有琴能夠超越。

古琴的漆也有乾燥的問題。不知各位有沒有看過明代的漆飾家具？這些家具製作時，多半事先將木胎裹上底布，然後塗上生漆，再加上灰胎，一層層打磨、上漆，跟琴一樣，可以保存千年，只不過，經過兩百年之後，漆面就會開始產生斷紋。

古琴漆面也會產生斷紋，出現斷紋就代表琴夠老，聲音也會比較樸拙一點。如果上網搜尋，就能看到很多古老名琴呈現各種不同的斷紋，有像蛇鱗的蛇腹斷，或是像梅花的梅花斷，種類非常多，有的也非常漂亮。

儘管如此，琴面的斷紋對演奏者來說並不方便，因為手指按在琴面上時會不太舒服，不過若是從美觀與聲音的角度來看，卻是有助益的。

西洋提琴的表面如果出現斑駁，也表示琴的漆夠老，當然，透過現在的物理、化學知識和技術，都可以加速琴漆乾燥，而且方法很多，效果也很不一樣。

我在學做小提琴時，就使用過紫外線燈光來加速漆面的乾燥。有些古琴斲琴師會用火來烤琴，效果迅速，但也有個致命缺點，那就是一旦火候控制不好，烤過頭，就回不來了，聲音完全劣化，無法可救。

漆面老化的過程是一條單行道，沒辦法回頭，因此技術的掌握非常重要，除非有經驗老到的師傅帶領，或者經過不斷反覆測試，很有把握。我個人建議可以採用比較緩和的方法，例如紫外線燈光就是其中一種。其他較快速的方式，雖然有時會有很好的效果，但不見得每個人都能掌握得很好。

五大元素之五：配件

最後，我們來談樂器共振品質的第五個元素，那就是配件。

配件包括弦軸、弦、琴橋、拉弦板、下顎墊等，在古董琴拍賣市場裡，沒有人看重這些東西，甚至對琴頭的要求條件都不如琴本身。大部分人都認為，琴聲好，只是因為琴好。我同意他們的看法是對的，只是我認為，配件對音色調整也非常重要，所以想跟大家聊聊配件對聲音的影響。

前幾年我到西班牙旅行時，偶然間走入一家畫廊，發現裡面音響的聲音很好。我對畫廊老闆說聲音調得很好，想了解他是怎麼處理的，他用西班牙語回答，我聽不懂，但順著他的手勢一看，看見音響就放在地上的一個花架上，另外一個喇叭就放在一個銅製的花器旁邊。奇妙的是，喇叭振動時，與銅製花器產生共鳴效果，聲音的立體度和強度改變了，就這樣創造出好聽的聲音。

由此可知，即使琴的先天條件不好，但如果能善用其他元素來搭配，或許還是有機會讓音質提升。這也就是配件的功能。

很多人認為，配件對樂器的視覺、質感幫助很大。例如這個是黑檀木做的，那個是玫瑰木做的，或者這個顏色和那個的顏色怎麼搭配、一套黃楊木的整體視覺效果如何……大部分人對配件的感覺都停留在這個面向。其實配件的功能不僅止於外表，還可以調整音色。

在製琴過程中，我們透過前面的四大元素來建構琴的音色，將樂器的先天音質基礎打好，接著就可以透過配件來調整音聲的走向，調和目前的聲音狀態。

比如說，經過努力之後，選材過程費了很多心思，材質也盡可能處理了，琴身的厚薄、音柱、低音樑也都安排妥當，也研究了木音和漆音的比例，最後卻在琴組裝完成之後發現，聲音和原來預期的還是不一樣。這時，就輪到配件發揮功能了。

配件可以說是產生共振的要素，以提琴來講，配件對於音質共振的表現，我想至少有一〇～十五%的影響。

例如，如果琴聲偏空，比較發散，沒辦法凝聚，配件就成為關鍵因素。很多人會更換琴弦來解決，例如換上另一個品牌的弦，或是把高音的弦換成鍍金、鍍銀的，或是更高規格的，甚至比原來貴三倍、十倍的弦。材質不一樣，當然聲音有機會會變好，但其實有個更省錢也比較根本的方式，那就是從配件著手。

當聲音偏空、發散，可以將配件換成較硬的木材。

在製琴時，你可能為了好看考量，也可能因為看到克里蒙納博物館裡的老琴大部分都搭配黃楊，所以在配件上選用了黃楊。不過，大部分老琴反應快，聲音通透，需要黃楊來增加潤度，但新琴聲音大都偏空，其實需要黑檀，因為較硬的木頭有助於聲音聚集。因此，只要把配件換成檀木，就能改善。黑檀是很好的選擇，黃檀或紅檀也可以，可以視硬度來決定。

相反的，如果聲音偏硬，很銳利、刺耳，反應快，停留的時間很短，弓一拉聲音就傳出去，缺乏韻味，聲線也處在非常硬的狀態。這樣的琴不少，尤其是在高音部位，大部分都有偏乾、偏柴的問題，這時候就需要軟調的木材來搭配，比如軟的黃楊木。在弦軸上或其他配件上改用偏軟的木材，通常就能讓聲音變得更溫潤。你會發現，只是換成比較軟調的配件，聲音馬上優化，說不定比換琴弦有更直接的效果。

琴弦是弦樂器常見的配件，讓我們先從弦的發展過程來了解它。

琴弦是消耗品，它會老化、變形、斷裂。以前的提琴主要使用羊腸弦，在科學技術缺乏的時代，還無法製作金屬弦，尼龍也還沒誕生，所以人們將羊腸加以處理，產生韌性後，製成琴弦。使用羊腸弦的琴聲非常有韻味，如果你聽過巴洛克時代的樂器聲音，就會理解那種略帶鼻音的獨特韻味。

不過，羊腸弦會隨著溫度和溼度變化，拉久之後會變軟，音就開始失準，如果演奏的曲子較長，不可能拉到一半停下來調音，所以演奏羊腸弦琴難度很高，挑戰演奏者的耳力和技巧。此外，羊腸弦琴的音量不大，需要一個比較適合的空間，因此羊腸弦慢慢被淘汰，現在已經很少人使用了。

中國古代用的是絲弦，絲本身就是強度很高的天然材質，也能保存很久，但同樣也會受溼度影響，引起走音的問題。如果彈奏的古琴使用絲弦，基本上彈完一首樂曲後一定要調音，因為絲弦會變長、變軟，所以需要重新定音。

絲弦的聲音也偏小，由此可見，過去用自然材質製成的弦，大致都偏小聲。現代的演奏場地變大，要演奏給更多人聽，所以需要更多不同的材質來製作琴弦。

現在的樂器大部分都用尼龍弦或金屬弦，基本上高音弦用金屬弦，中低音用尼龍弦。金屬弦除了純金屬的，也有混合的，例如軸心是尼龍，外面再用金屬纏繞。此外，每家廠商的金屬弦配方也都不太相同，每個演奏者也都有自己喜愛的音色，通常習慣某一廠牌的弦後，就會固定使用那個廠牌。

搭配琴弦使用的微調器也很重要。微調器通常使用在E弦，因為高音較敏感，稍微調過頭一點點就很明顯，來來回回幾次，弦就會斷掉。微調器對於調整高音弦很有幫助。

微調器除了協助調整高音弦外，對音質也有影響。目前材質上有鑄鐵的、純銅的，甚至還發展出純鈦的材質。純鈦的聲音非常不同，雖然要看琴音的搭配，但是加上純鈦微調器之後的琴音，因為金屬的結構不同，會對聲音帶來很不一樣的影響。

另一個重要的配件是琴橋。因為弦直接搭在琴橋上，琴弦振動後，第一個接觸的就是琴橋。琴橋固定在提琴兩個f孔的切點之間，功能是把琴弦的振動傳到面板，因此很多人都會覺得琴橋很重要，而且也願意更換。

那麼，琴橋如何影響聲音的表現？首先當然是它的材質。提琴的琴橋使用楓木製作，吉他大部分用檀木類，古琴也是檀木類，都是偏硬的木材。為什麼提琴琴橋不是用檀木類？因為檀木類對提琴來說太硬，對琴聲不太適合。每一種樂器選用什麼樣的配件，考慮的都是如何搭配出最合適的聲音。

除了材質，琴橋上還有些紋樣，例如有孔洞，還有腳。我相信這也是經過多年的測試、演變，才變成現在這個樣子的。我試過把這些孔洞封起來，或者自己製作不同的紋樣，發覺聲音都不好聽。這些孔洞、形狀，對聲音共振的品質有很大的幫助，尤其中間這個洞，有與沒有，聲音差很多。

經過幾百年的演進，現在提琴的琴橋大致就是這幾種樣式。小提琴大概有兩、三種，當然大提琴、低音提琴和小提琴的款式又有所不同。儘管樣式短期內很難有所突破，不過我在琴橋上有些創新的嘗試，那就是經過材質處理之後，再加上適當的塗層，可以讓聲音傳遞的速度不同，因而有提高音質的效果，這是我透過過去對於聲音的理解和經驗，針對琴橋的材質改變所做的一些嘗試。

關於提琴的琴橋，還有另一個重點。琴橋的上方較薄，後方平面與琴身形成九十度。這樣的設計與琴的張力有關。當我們用弓在琴弦上拉琴時，琴弦因受力而繃緊，這時，為了承接來自於弓壓弦的壓力，琴橋另一邊一定要稍微後傾才能平衡，因此琴橋才會設計成上薄下厚的弧度。如果沒有這個弧度，來自琴弦的壓力會讓琴橋順勢倒下。由此可知，琴橋的設計除了讓琴弦共振可以直接傳到琴身，也為了穩定支撐琴弦，這樣聲音才夠扎實。

選擇不同木材製成的弦軸，也會影響琴的共振品質。

提琴的琴橋是活動的，可以更換，但古琴的琴橋卻是無法更動的。它有個很好聽的名字，叫「岳山」，也是以硬木類製成，但完全固定在琴身上，所以製琴時，就要選好想要的材質。岳山大部分都以黑檀為主，現在也有人使用酸枝或其他硬木類。我個人認為，岳山選擇檀木類，尤其是黑檀，發出來的聲音會比較適合古琴。

第三個重要配件是弦軸。弦軸大部分用硬木做成，例如檀木、玫瑰木等。由於弦直接捲在弦軸上，當然對聲音有決定性的影響。

使用檀木弦軸，會讓琴的聲音比較集中，不空泛，其中價格最高的是比較稀有的小葉紫檀、大葉紫檀，因為顏色、紋路及稀有性，雖然貴但很受歡迎，而且還有增值性。玫瑰木也不錯，花紋討喜，顏色也很好看，但木質比紫檀稍微軟一點。

我個人有時會偏好黃楊，因為黃楊有種特殊的音色。不過黃楊質地偏軟，古董提琴比較喜歡用黃楊木來搭配弦軸，看起來比較典雅。

想使用哪種材質，其實可以自己透過感覺來搭配。我有位老師還曾經在同一把提琴上使用不同顏色的弦軸，因為他覺得E弦有時偏硬，所以其他三個弦用黑檀，但E弦卻選用黃楊，拉出來的音色確實很好，但因為混用不同木材，所以琴的外觀相對就沒那麼好看。

我們透過測試不同配件來享受不同的音色，這是非常有趣的過程。剛才提到的檀木、玫瑰木、黃楊木，在提琴裡都是非常好的配件的選擇，拉弦板、下額墊也都適用。現在拉弦板也有很多種材質，例如純金屬或是複合材質、碳纖維等，對聲音也都很有助益，大家可以不斷嘗試，看看喜歡哪一種聲音，可當成選換配件時的參考。

最後要介紹的是琴弓。

大部分人都認為選好琴很重要，但有些人不知道琴弓也很重要。我還記得幾年前遇過呂思清老師，那時候呂老師拉的琴是企業家贊助的史特拉迪瓦里名琴，那把琴不但琴盒上有密碼，還有GPS，而且他琴盒幾乎二十四小時不離身。

呂老師演奏結束後，在臺下開玩笑說：「很多人以為我琴拉得好，是因為這把琴好，當然，這把琴的確很好，但他們不知道，我這把弓也很好，如果沒有這把弓，琴的音色沒有辦法這麼好。」呂老師的話正說明了琴弓與琴的搭配有多麼重要。

琴弓是一種軟與硬的組合。

硬是指木材。提琴弓大多使用巴西蘇木，這種木材對琴音特別有幫助。很多人喜歡巴西蘇木弓拉出來的聲音，不過現在巴西對巴西蘇木管制出口，讓它的價格開始上漲。

軟是指馬毛。馬毛上有鱗片，拉弓時，鱗片會咬住琴弦，產生摩擦，因而發出聲音。當然，馬毛的品質也會影響琴聲的表現。現在大多數的弓毛都是用蒙古馬尾巴的毛製成的。

除了選材非常重要外，如何讓琴弓保持乾淨，或如何使用松香，也是重要的學問。在弓毛上擦松香，是為了增加摩擦力，但松香的品質也會影響弓與弦的摩擦，所以有些松香會加一點銀粉或金粉來改變琴的聲音。另外，很多人不知道弓毛要常常清洗。以前我們曾做過實驗，使用不同清潔液洗出來的弓，彈性竟然不一樣，這點可以提供各位參考。

隨著科技的進步，碳纖維弓的發展也很迅速，製造出來的弓有時甚至不輸巴西蘇木弓。不過好的碳纖弓價格也不便宜，選用時還是以自己的感覺為準。我自己還會在弓上塗一些塗層，改變弓的彈性，讓音色增加一點特色。

談到這裡，各位是不是覺得非常驚訝，沒想到提琴的配件有這麼多功能，一點點小小的改變，就能為琴聲帶來豐富的變化。

現在讓我們再回顧一下。在這一章裡，我們聊到了影響樂器共振品質的五大元素：選材、材質處理、槽腹結構，漆的配方和漆的乾燥，還有配件。如果這五個元素都能達到最佳狀態，琴聲也會更加極致。

相對於人的演奏生命，甚至人的生命，一把好的琴要達到好的狀態，這個演變過程是相當長久的。因此，如果能透過對琴音的理解，透過現代的技術，盡快讓琴的品質能提升到最好的狀態，就有機會讓人與琴在最合適的時間相遇，能夠彼此相輔相成，共同創造美好的聲音。

如果我們能更理解琴，也就會知道如何去調整，所以，更重要的是學習仔細聆聽樂器的聲音，才能知道如何發揮它的優點，改善它的缺點。

同樣的原則也能應用在生活當中。無論是音響、耳機的材質選擇，或是音響室的空間結構、施工方式、塗料，或是使用其他的配件，這些都會影響吸音，或聲音的反射與殘響，也都會影響聲音的共振和傳播，當然，也就會影響聆聽的品質。

Chapter 05

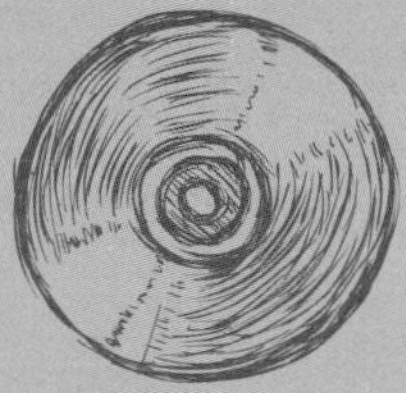

改善共振，就能提升聆聽的品質

我個人認爲，聲音裡的靈魂，
透過類比或數位方式的傳遞後，
出現的是兩種完全不同的聲音。
黑膠唱片所傳遞的聲音品質與層次，
是一般數位無法比擬的。
這不是優劣的問題，而是感受完全不一樣。

和大家分享了評斷音質的六大指標，以及創造共振的五大關鍵元素後，接著我想和各位聊聊我在判斷和優化音質的一些經驗，希望能進一步幫助大家掌握這些指標和元素，並且能在生活中運用。

首先，和大家分享我設計的「音質共振體檢表」。在這個表格裡，我將六大指標、五大元素整合在一起，只要用它來交叉比對，就能在很短的時間裡，快速而有系統的找到聲音的優點和缺點，然後根據這些條件找出改善方法。這是我多年來調校音質的祕密，很像武俠小說裡的武功祕笈一樣，第一次分享給大家。

接下來，我來說明一下我在什麼時候使用這張表格，又如何使用。

反覆校正六大指標和五大元素，就能改善樂器的表現

我經常幫音樂家分析他們樂器的音質，以及共振效果好不好。通常我會先從六大指標開始，依照高音、中音、低音、平衡、共鳴、特色來一一檢查。檢查時，除了仔細聆聽音質外，也會利用表格上列出的五大元素來輔助判斷，慢慢聽出音質與共振

	材質	材質處理	槽腹結構	漆的配方與乾燥程度	配件
高音		✓	✓	✓	✓
中音		✓	✓		
低音		✓	✓		✓
平衡		✓	✓	✓	✓
共鳴			✓	✓	
特色	✓	✓	✓	✓	✓

音質共振體檢表

的狀態。以下就是我實際診斷樂器的流程，提供大家參考。

首先我會請樂器主人彈奏或拉奏音階，從低音到高音，先聽聽琴本身的聲音。

然後，我會分別聆聽高音、中音、低音的表現，依照第二章提到的特質來評斷。例如，以提琴當作例子的話，G弦屬於低頻，那麼，好的低頻應該會有兩個要素：

1. 它的聲音是否往下沉潛？琴的背板是否有振動？

2. 聲音是否帶給人反彈、反饋的感覺？

接著，就可以根據音質狀況開始調校。

進行的方法很簡單，先依照我們前面所說的五大元素，看看選材如何？材質處理狀況如何？

然後才是槽腹結構、漆的配方跟漆的乾燥，最後是配件的選擇。

調整或更換配件是提升音質表現最簡單的方法。以我來說，我可能會重新思考弦軸、弦、琴橋、拉弦板，還有下額墊之間的搭配，再運用塗層或提升共振的技術來優化音質，這是最快速而有效的方法，通常都可以重新搭配出好的聲音。

更講究一點的話，如果有必要，而且時間許可，我會把琴拆開，依照琴本身的狀況來處理，調整一下槽腹結構，改變塗層或是琴材的厚薄。

從前面的說明可以看出，我先從高音、中音、低音、平衡、共鳴、特色這六大指標來判斷音質的優缺點，然後再從五大元素之間的關係，來決定如何提升音質。

一般而言，提琴的中音問題較少。中音是指中間的D弦和A弦，這兩條弦的聲音與特色大致都比較均衡、穩定。如果一把琴連中音的表現都很差，缺乏前面提到的形體感或解析度，那麼這把琴能改善的空間就非常非常有限，即使花很多時間、精力，也是事倍功半。因為中頻是傳遞感情交流的重要關鍵，如果連中音都不好，這把琴的高音跟低音的表現，相對也可能不會太好。也因此，如果遇到這樣的琴，我在審慎評估之後，通常會勸主人另換一把琴。

如果中音的音質還不錯，接下來就要看高音和低音的音質如何。中音固然可以烘托、帶動高音、低音，但一把琴的特色，還有音域的表現，也要看高音和低音兩端的相對延伸，是不是能更加突顯中音的音質。此外，如果高音、低音的音質不錯，但它們和中音沒有辦法取得平衡，這把琴在演奏時的流暢度就會不夠好，因此，在平衡的部分，要特別留意高、中、低音的互相帶動及流動性。

關於高、中、低音的平衡與流動，其實我是從音響調校過程中學到的經驗，再應用於樂器的調校。

有一次，我在調整音響喇叭時，花了一個多月的時間處理高頻向上延伸的問題，可是卻一直無法解決。後來我不得不放棄，轉而處理低頻，希望至少能讓聲音下潛、彈跳的能力更好。那時我用了不同的線材，還有不同的槽腹結構處理方式，調出了我期待的低音。沒想到，就在低頻處理好之後，原本我放棄的高頻延伸問題，竟然也就解決了。

那次的經驗讓我領悟到，聲音是相對結構的關係，無法將高、中、音單獨分開處理。畢竟它們進入我們耳朵時，是相互連動的。如果把某一個音域處理好，一定會連動到其他音域的聲音品質，也一定有助於提升聲音的平衡表現與特色。這次的經驗讓我非常難忘。

當高、中、低音取得平衡後，接下來就要判斷共鳴的效果好不好。共鳴夠好，聲音就能夠延伸更長時間，帶來更好的餘韻。尤其要注意的是，高、中、低音是否都有相同的共鳴效果，這樣才能讓琴音更加平衡。

如果有機會同時聆聽、比較新琴和老琴，我們往往會發現：老琴的低音通常會比新琴沉穩，而且下潛比較明顯；中音的部分，老琴通常比較穩定；高音的部分，老琴的延伸通常也比較好。一般來說，新琴的聲音聽起來音量較大，但以聲音的細膩度來說，還是老琴表現比較好。為什麼呢？詳細原因我們在上一章已詳細分析過，但其實也可以透過這張音質共振體檢表，來快速進行比較與評斷。

只要養成習慣，將聲音與這五大元素、六大指標相互連動，慢慢累積聆聽的經驗，就能提升耳朵對於音質的分辨能力，建立出自己的一套判斷標準。如果有興趣的話，再試著動手調校看看，相信你也可以慢慢改善自己的音響、樂器音質，而且在這過程裡也會慢慢發現，如何提升音質、改善共振，這本身就是一個有機的過程，每個環節都是環環相扣的。

很多人遇到聲音不好的樂器時，第一個想到的就是把它賣掉，另外再買一個聲音更好的。事實上，根據我多年的經驗，音質的改善雖然需要投入時間、人力、技術，但只要能找出問題，大部分的樂器都有改善的空間，只是大多數人不知道如何解決問題。

因此，對演奏者來說，這張音質共振體檢表也非常有幫助。每位演奏者都希望自己展現的琴音能夠更動人，除了不斷精進演奏技巧外，了解自己的樂器也很重要。只要依循這六大指標、五大元素，多聆聽不同琴的聲音，演奏者就可以進一步了解自己樂器的優缺點，並且知道如何找出問題，尋求協助。

學會補強音響或喇叭的共振，就能優化聆聽感受

前面分享製器與修琴的經驗，主要是希望讓各位更能理解共振對聲音的影響，接下來，我們就可以將這些原理用來提升日常的聆聽感受。

在日常生活裡，我們不是天天都有機會去聽現場演奏或現場演唱會，主要是透過各種媒介來聆聽「現場錄音的再生」。聲音只要經過再生，音質就會受影響。從聲音產生，到我們聽見聲音，這整個過程裡，除了錄音的設備、技巧外，負責傳遞音訊的

電源線、擴大機、CD或黑膠、各種App……等媒介，以及負責播放聲音的耳機、喇叭……等設備，都會影響我們聆聽的感受。

根據我的觀察，聽音樂的人口當中，真正注重或講究聲音品質的人比例並不很高。對大多數人來說，聲音或音樂主要還是陪伴功能、消磨時間居多。換句話說，絕大多數的人可能都不是太在意音質，也或許他們雖然在意，但並不知道如何挑選這些讓聲音再生的設備。

很多年前，我在一家高級音響店裡碰到一位朋友，他跟我分享的經驗，就是一個例子。這位朋友家裡經濟狀況很好，幾乎買齊了全世界最頂級的CD轉盤，每一台都超過一百萬，據說在家裡浩浩蕩蕩排了五排。我當時非常驚訝他為什麼需要這麼多CD轉盤，但更驚訝的是他接著說：「傑克，我坦白跟你說，雖然家裡有世界上最頂級的機器，但其實我聽不出來有什麼差別。」

聽完他坦率的分享，我除了驚訝，更覺得可惜。名牌機器因為研發、用料的關係，當然有其昂貴的原因，但聲音的好壞不只是用價錢來決定的。如果在選擇好的機器後，願意再花一點時間提升自己的聽覺，讓自己有機會更了解音質，更進一步沉浸在好聲音裡，相信會帶來更深刻的聆聽感受。

我走進音樂世界，組合音箱、調校音響、改造音響也有幾十年的經驗了，除了前面提到的這位朋友外，也有很多朋友經常問我，如何挑選適合自己的音響，以及如何提升聆聽品質。接下來，我就整理一下我的經驗，和大家分享，或許有助於節省大家的時間與金錢。

首先，同樣也是從五大元素開始，先來看看音箱與耳機的材質。過去，音響廠商為了呈現立體聲(stereo)，都會搭配左右兩個音箱，因為我們有兩個耳朵，透過兩個聲道，各自搭配多重音路，就能立體呈現聲音，比較講究的，甚至還有五路分音的。

所謂五路分音，是指同時透過十個音箱來播放聲音。這十個分箱包括：一對超高音、一對高音、一對中音、一對低音，再加上一對超低音。我曾經看過一套五路分音的喇叭，放在一個將近六十坪左右的獨立空間裡，每一個分音音箱，都有各自的後級擴大機來推動，也就有是各自的功放，等於功放也有十台，這是我聽過最極致的五路分音，這些音響設備，竟然占了三十坪左右的空間。

有這麼極端講究的發燒友，相對也有講究極簡的聆聽者。現在很多人可能只選擇一個智慧音箱，既經濟，又方便。隨著工業化進程的提升，音箱的材質也多以塑料來取代以往常用的木料，現在幾乎九成以上都是類塑膠的材質，只要開個模，就能一體成型，快速製造。以往木頭材質會隨著溫度與溼度變化而變形、龜裂，售後服務也相對麻煩，而塑膠材質的好處就是非常穩定，生產成本又低，所以不只音箱，很多耳機都是塑膠製成的。

不久前，某國際知名品牌在新的智慧音箱上市前，特地帶到我的工作室來請我評測。這個音箱與國外知名音響大廠合作設計，無論外觀、材質，都看得出投入了許多成本，價格比第一品牌的智慧音箱只低一、兩千元左右，但播放沒多久，我大概就聽出這個音箱的問題了。

我告訴對方：「我覺得聲音有種塑膠味。」這裡我說的塑膠味，與味覺、嗅覺無關，不是我聽的時候聞到塑膠的味道，而是音箱本身的共鳴、特色，以及聲音的品質裡有種塑膠感，雖然聽起來很乾淨，但就是比較人工，無法傳遞音樂的溫度，高頻的延伸性也不好。

現在許多知名品牌的音箱多少都有同樣的問題。

這些世界名牌在工業設計方面投入了許多心力，也非常講究材質，但我個人感覺，這些品牌還是比較侷限於數字層面的提升，例如：頻率取樣、高低頻多了幾個

dB……之類，或是與哪個國際廠商合作等行銷手法。它們通常乍聽之下沒太大問題，但真正聽到的感受如何，又是另外一個問題，例如前面提到的，有種塑膠味、不耐聽，或是無法有太多共鳴、聲音品質比較人工。還有，大多數的產品會偏悶、濁，音質不夠好。這似乎是目前市面上眾多智慧音箱的趨勢，非常可惜。話說回來，以類塑膠、工業製程製作的音箱或是耳機，確實不容易達到好的音質標準。

那麼，關於材質的留意重點有哪些呢？我個人認為，選用自然材質非常重要，尤其是木料的搭配。舉個比較容易了解的例子，或許更容易了解。我們現在大多數都住在鋼筋水泥的房子裡，如果有機會住進小木屋，相信你在一打開房門，走進屋內時，應該是身心都會有一種自在、溫暖的感受。這就是自然材質帶來的感覺。

好的聲音也是一樣。使用木料，或是比較接近自然的材質，比如金屬，聲音的品質相對就會比塑膠材質好。即使是使用塑膠製成的音箱，如果加入一些自然材質加以調和，聲音聽起來就有所不同。

例如，前面提到的那家智慧音箱公司，他們請我對下一代產品提供意見時，我的建議就是加入一些自然材質，雖然在生產成本、生產流程上會增加一些難度，但至少可試試在配件加入自然的元素，例如腳架使用木材，甚至在音箱本體裡某些產生共

喇叭單體裡的紙盆振膜。

比較講究的耳機，會在振膜加入木質成分，提升共振品質。

振的重要環節，考慮加入一些自然的材質，會讓聲音的品質更有溫度、更耐聽。

現在有些較為講究的耳機，在成型時會加入一些金屬，甚至標榜在振膜加入了木質成分，或是在耳罩裡加入自然的元素，就是希望能夠讓共振的品質能更好。

如果有機會看到有點年紀的喇叭，或是所謂的古董喇叭，就會發現，雖然這些也是大量製造的產品，但當年的材質種類不像現在有這麼多選擇，也沒有太多複合材質，喇叭的振膜很多都是自然的元素，比如說紙盆振膜，或是布製的振膜，聲音的表現就非常自然。

相對來說，在動態表現的結構上，比如磁鐵的磁力或許沒有現在的磁鐵那麼強，所以動態的表現或許沒有現在的喇叭好。不過以平衡度與自然的感受性來講，過去以自然材質製作的喇叭還是比較耐聽。

在工業化製程中若要加入自然元素，會面臨一些挑戰。例如木材會因溼度、溫度產生變化，甚至變形，或是有蟲蛀、受潮腐化等狀況，保存上的變數比較多。如果是金屬，每一種金屬的功能不太一樣，對聲音的影響也不一樣。很多高級耳機雖然會添加一些金屬元素，但往往不是為了提升音質，而是為了視覺考量。大部分音箱或耳機加入的金屬材質是鋁，因為鋁比較容易成形，且取得較容易，價格相對也比較合乎成本。即使是鋁，也有很多種類，例如航太鋁的硬度與結構就不太一樣。

如果要選擇金屬元素，我個人比較偏向銅合金的材質，因為它是比較能平衡聲音的媒介，當然，這也要看銅在整個系統中的比例，以及如何運用。很多高級音響大量使用的是鋁合金，因為鋁合金在陽極處理或切削上比較方便，但從聽覺效果來說，銅合金的材質聽起來會更自然一點。

為什麼我個人會比較傾向選擇銅呢？不知各位有沒有想過，為什麼大部分頌缽都是銅製的？還有，現在很多音聲療癒使用的鑼，也都是銅鑼？我想，背後的原因和我之所以偏好銅元素是一樣的，那就是聲音帶來的共振更加自然。

很多人未必會每天使用音箱，或者甚至沒有音箱，但相信絕大多數人都會用到耳機。

以耳機或音箱當成聆聽的媒介，兩者之間最大的差別，是聆聽時的空間感不一樣，其次是耳朵承受的壓力不一樣。此外，耳道式耳機和耳罩式耳機的構造不同，對共振的影響不同，對耳朵帶來的壓力也不一樣。

透過音箱聽音樂，至少它們和人體之間還有一段距離，但耳機就不一樣了，它會直接接觸人耳，聲音直接透過耳道和耳膜傳入人體。因此，我個人認為，如果選擇品質不夠好的耳機，不只影響聆聽的品質，甚至有可能對健康帶來傷害。

在這裡，我把前面所說的判斷方式整理成兩個簡單的對照

	材質	材質處理	槽腹結構	漆的配方與乾燥程度	配件
高音	✓			✓	
中音	✓			✓	
低音	✓			✓	
平衡	✓	✓	✓	✓	✓
共鳴	✓			✓	
特色	✓	✓	✓	✓	✓

音箱共振品質體檢表

	材質	材質處理	槽腹結構	漆的配方與乾燥程度	配件
高音	✓		✓	✓	✓
中音	✓			✓	
低音	✓		✓	✓	
平衡	✓	✓		✓	✓
共鳴	✓		✓	✓	
特色	✓	✓	✓	✓	✓

耳機共振品質體檢表

表，方便各位快速掌握與判斷。從表格中可以看出，無論是音箱、耳機，影響聲音最重要的第一個關鍵是材質的選擇，它幾乎決定了音箱、耳機的聲音基因。第二個關鍵就是塗層的配方，以及塗層乾燥的方式。

知道影響音箱、耳機品質的關鍵之後，或許你會想問，如果已經買了音箱、耳機，有可能就現有的來提升音質嗎？

我個人認為是可以的，尤其音箱的改善可能性很大，我們就先從音箱聊起吧。

補強音箱效果的方式很多，以下幾個方式是各位比較容易進行的方向。

1. 把天然的木材元素加入共振系統裡。

如果你的音箱喇叭是塑膠類製成的，我們可以透過兩種方式，把天然的木材元素加入共振系統裡，讓聲音聽起來更自然、更有溫度，也更加耐聽。

(1) 把音箱喇叭放在木製桌子上，如果桌面是實木的，效果會更好。

這裡我想特別提醒一下，如果你原本的喇叭還不錯，但放在塑膠桌面上，聲音品質可能降低，聽起來會比較空泛。

相信很多人都有這樣的經驗，明明在音響店裡聽起來聲音還不錯，一搬回家裡，聲音聽起來好像變得空空的，最大原因有可能是受到放喇叭的桌面材質影響。因此，建議將喇叭放在實木桌面或實木音響架子上。

實木桌面或實木音響架通常比較扎實，會讓聲音的反射有更好的效果，高頻的延伸、中頻的形體感和解析度也會更好，低頻則會有下潛的效果，所以聲音聽起來會好很多。

(2) 墊在實木木板上：如果沒有實木桌子，可以找一塊實木木板，最好是材質硬一點的，如檀木類、杉木類或梧桐類，把木板放在桌面上，再把喇叭放在木板上。實心木材能為音質添加自然的共振感，有助於音色提升。

2. 為喇叭創造空間，改變音場。

各式調音木塊、角錐。

把角錐墊在音箱下，可以改變音場。

方法很簡單，選擇自然元素製成的調音木塊、墊片，或是角錐，三個或四個一組，放在喇叭下方，拉大喇叭與接觸面之間的空間，高度可能一、兩公分就可以，不用太高。這個新創造出來的空間，會讓整個音場感覺比較開闊。雖然只是小小的間距，卻足以改變共振，帶出不同的音質，聲音聽起來更開朗。

如果音箱本來就已經放在木桌上，但如果能再透過調音木塊或角錐把喇叭稍微往上提一點，效果也會再提升。

墊片或角錐的尺寸大小、形狀對聲音的影響也不一樣。材質可選用木材，較硬的木材效果相對會好一點，也可以是金屬製的，例如紅銅、黃銅等。

因為大部分工業生產的喇叭使用塑膠材質的比例非常高，基本上欠缺自然元素，因此，無論是木材或金屬都對聲音會有幫助，而且會提升非常多，甚至有時會讓你訝異自己的喇叭竟然像脫胎換骨似的。當然，你也可以嘗試各種不同的高度。這些角錐的價格不是太高，但可以試著找出它們和音箱最好的關係，調出自己喜歡的聲音。

另外，有些喇叭本身就附有腳墊，可惜大部分都是矽膠墊或止滑墊。根據我個人經驗，如果是具有止滑功能的材質，對聲音都會產生劣化的效果。如果可能，最好把這類的腳墊取下，或是避開那個位置，另外把硬木類或金屬角錐放在喇叭下，效果會大幅提升。

3. 為共振系統加上反射板。

這個方法也很簡單。例如，我常用不同的實木塊組合成一大塊木板，放在喇叭後面，它就變成很好的反射板，能夠讓聲音更立體。

不知道各位還記得嗎?前面提過，我們說話時，從嘴巴傳出來的聲音是第一個聲音，也就是直接音，第二個聲音，則是直接音經過四周反射體反射後的反射音。

從喇叭傳出聲音也是同樣的道理。我們聽到喇叭從前障板傳出來的，是喇叭單體直接發出來的聲音，但喇叭也有反射音，因為喇叭在振動時，後方會產生餘波。如果在喇叭後方加上硬木製成的反射板，餘波透過反射板的反射，會讓音像更清晰，聲音的品質、形體感都會更好。

除了家用音響可以透過反射板來提升品質外，反射板對大型表演的現場音質也有很大幫助。有一次，一位古琴演奏家在國家音樂廳的演奏廳演出。正式演出前，他請我在現場協助調音。古琴的琴音不大，一定要透過喇叭來放大聲音，因此，透過喇叭放大的效果會影響整體演出的品質。

在音箱與牆壁之間放置硬木製成的反射板，能讓聲音的形體感更好，聽起來更清晰。

當時我請音樂家在台上彈奏，然後我從聽眾席不同角度、不同距離的位置來聆聽，再根據狀況調整每支收音麥克風的音量。我一邊調整，一邊覺得疑惑。演奏廳的喇叭品質已經非常好，但我還是覺得聲音不夠扎實，究竟是哪裡有問題？後來我向我的老師求助，從他的工作室借來一塊硬木的木板，放在喇叭後面當反射板，結果音質改善了很多。接著，我又在演奏者身後也加上一塊反射板，效果也非常好，音樂家也非常滿意。從這次的經驗我才發現，反射板不但能讓喇叭發出的聲音品質提升，也能改善演奏者彈奏的聲音的反射品質。

談到這裡，不知各位是不是會感到好奇，為什麼我會一直強調最好是加入實心的木材？主要是因為實心木材能讓振膜在發生振動時，產生更好的二次反射。二次反射有點像樂器的底板，底板要稍微偏硬，才能配合面板主振動的軟，產生互補功能，達到融合的效果，聽起來聲音層次會比較豐富。

4. 如果找得到提琴用的酒精漆，也可嘗試將漆塗在音箱上，改變音箱的表層硬度，振動結構也會跟著改變，因此可以優化音質。

談完音箱喇叭，接著我們來聊聊耳機。現在無論在捷運、公車上，或者走路、慢跑，耳機的使用率非常高，但相對於音箱，耳機受限於本身的結構和材質，能改善的空間比較有限，尤其是耳道式耳機，因為設計是塞在耳道裡，結構更小，所有發聲的單體、共振腔，甚至藍芽結構都在裡面，挑戰真的非常大。

我個人認為，耳道式耳機對於耳膜、耳腔帶來的音壓比較大，多少會讓人覺得不太舒適，甚至有人在連續使用超過四個小時之後會覺得有點昏沉，因為聲音是近距離直接與耳膜互動。因此，如果需要長時間使用耳機，最好用稍微大一點的耳罩式耳機會比較好。

此外，因為結構限制，耳罩式耳機的體積大一點，相對振膜也比較大，聆聽品質相對也會比較好一點。

無論是哪一種耳機，想要提升音質，基本上也是要加入一些天然材質會比較理想。現在有些高級耳機也開始注重這一點，會加上一點點偏硬的木材，讓聲音聽起來比較溫潤乾淨。當然，成本相對也會較高，不過也要看如何在設計裡使用木材，以及放在什麼位置。

另一種方式是加進金屬元素。前面提過，現在很多耳機加上其他元素多半是為了美感，但我認為，加入金屬元素可以讓聲音變得比較乾淨，但不能加太多，否則會缺乏木頭所具有的活性。

幫黑膠或CD「整容」，不但不是破壞，反而能創造好的聲音

除了調整音箱、選擇合適的耳機外，還有什麼方法可以擁有更好的聆聽體驗？

在這個小節，我想分享一些有趣的經驗，對於仍喜歡透過CD或黑膠來聽音樂的朋

友，或許可以相互交流。

在網路興起之前，很多古典音樂的正版ＣＤ在臺灣數量有限，很難買到，因此很多發燒友會買很昂貴的高級ＣＤ燒錄器，向朋友借來ＣＤ，然後自己燒錄。由於燒錄機的等級很高，而且燒錄的品質也非常好，有時朋友還開玩笑說，燒錄出來的ＣＤ，聲音甚至比原廠還好。

沒想到，多年之後，當年這些燒錄的ＣＤ很多都不能聽了，我和朋友推測，可能是當時使用的光碟片品質不是太好。雖然當時也有柯達出的鍍金版本空白燒錄片，但它價格很高，甚至比正版ＣＤ還貴，當時不可能買來燒錄。不過，除了這些燒錄片不能聽以外，有些正版的ＣＤ也出現了問題，例如有印刷曲目的那一面，很多都開始剝落，有的連讀取面也都出現剝落現象，尤其很多英國版的早期ＣＤ甚至開始變色、變黃。

不管什麼原因，數位的保存方式如此脆弱，讓我非常驚訝。相對來講，黑膠似乎保存期限比較長。至少我手邊有些黑膠唱片將近四十年了，完全沒有變質，只要播放系統夠好，只要留意不要刮傷，它出來的聲音還是和以前一樣好。

進入數位化時代後，不只閱讀紙本書的人變少了，聽類比聲音的人也變少了，在這改變的過程中，我們的視覺、聽覺、觸覺也跟著改變了。有人認為，類比式聲音是懷舊的人才會聽的，但我認為，類比式聲音的品質真的不一樣，會帶你進入另外一個時空。

不過，這幾年，很多玩音響的人或年輕人，又重新回到類比世界，我想，那是因為在聽數位音樂的過程裡，無論是MP3，或網路串流，自己能夠調整聲音的範圍非常有限。例如，聽數位音響，只能用簡單的等化器(equalizer)，調整高音、中音、低音三個區域的音量大小，比較講究的，可以有六軌、六個等化器來調不同的頻寬，不過大部分人連這樣的機會都沒有，原廠提供什麼樣的音質，就只能接受什麼。

現在很多人回頭聽黑膠，就是因為黑膠可以透過唱臂、轉盤等的調整，帶來截然不同的聆聽感受，擁有更多的可能性。例如，同一張黑膠唱片，只要稍微做一點小小的更動，不管是針壓也好，唱臂也好，或是平衡、皮帶……等等，聲音就會隨之改變，這些變化都會帶來驚喜。當然，有時候聲音會變差，但有時也會帶來難以想像的變化。這樣的過程，提供了另一種聲音的可能空間，讓現代人在聆聽聲音的感受上充滿想像力，獲得樂趣。

我個人認為，聲音裡的靈魂，透過類比或數位方式的傳遞後，出現的是兩種完全不同的聲音。我想這也是為什麼現在新的錄音還會出黑膠唱片的原因，畢竟黑膠唱片所傳遞的聲音品質與層次，是一般數位無法比擬的。這不是優、劣的問題，而是感受完全不一樣。

黑膠的容量有限，也怕灰塵，但對很多人來說，它所具有的獨特特質，很難取代。黑膠的製作過程，是先把聲音錄在磁帶上，然後再轉刻到一個母盤，再以這個母盤當作模，壓製成黑膠。播放時，唱針在黑膠上循軌，由於左聲道收錄在軌道的左邊，右聲道收錄在軌道的右邊，唱針循軌時，碰到左邊和右邊會形成不同的訊號，然後再將那些微小的振動，透過唱盤裡的磁鐵與電流傳遞、放大，再透過喇叭，把聲音還原播放出來。

黑膠唱片的音軌

CD的播放方式完全不同，它是透過雷射光來讀取的。CD有兩面，一面印有曲目等資訊，另一面就是雷射讀取頭讀取訊息的地方。雷射光在讀取時，完全沒有接觸到CD片，這是和黑膠最大不同的地方，因為黑膠傳出來的聲音，是透過唱針直接

黑膠唱片透過唱針與唱臂來讀取、傳遞音軌裡的訊息。

碰觸到音軌而讀出來的。

幾十年前錄製的黑膠，聲音裡一定藏有很多細節，但因為機器或技術的限制，我想有很多應該是過去無法清楚播放出來的。隨著科技愈來愈進步，透過更好的媒介與播放器，同一張黑膠唱片，我們能聽到的細節愈來愈多。換句話說，幾十年前就錄好的黑膠，因為播放系統開始提升，讀取細節的能力愈來愈強，同一張黑膠，我們可以聽見更多的演奏細節，甚至可以聽到現場觀眾的即時反應，或指揮的呼吸聲。因此有些人認為，黑膠不只錄下了聲音，甚至也錄下了當時現場所有人的意識狀態，只是這個狀態，以目前的技術還沒有辦法解碼。

很有趣吧？大家認為古老的東西，現在反而期待透過最先進的播放技術，把當年錄下來的真實，再以另一種方式呈現。既然只要做一點小小的更動，黑膠傳出來的聲音就會有所不同，那麼，到底是哪些方法呢？接下來和大家分享幾個重點。

1. 唱針與唱臂：唱針用來讀取黑膠音軌裡的訊息，所以非常敏銳。隨著科技的進步，使用唱針的針頭改用先進的複合材質來製作，大幅提升了靈敏度。

將唱針裝在唱臂上，播放時，把黑膠放到唱盤上，再將唱針放到唱片上，啟動唱盤。這時，唱針開始循軌，讀取訊息，再透過唱臂，把訊息傳到擴大器裡，然後再經過音箱，把聲音播放出來。

因為唱針直接與黑膠接觸，所以過去大家都認為唱針很重要，如今才有愈來愈多人開始重視唱臂。以前唱臂主要是用不鏽鋼、鋁製成的，現在則可能會用碳纖維的，或是改用原木等較天然的材質。

在唱針與唱臂這個機械結構裡，有很多系統可以讓讀取的過程更順、更穩。當可讀取的細節愈多，呈現出來的訊息就愈豐富，也就會讓聲音變得更不一樣。因此，如何精確調整唱針與唱臂之間的關係，對於聲音的再生品質非常重要。

2. 轉盤：唱盤的轉速分成33轉或45轉兩種，早期大部分都是45轉，也就是一分鐘轉45圈，現在大部分是33轉，大概兩秒轉一圈左右，主要與原始錄音的規格有關。

透過在唱盤上的直接作用力，可以改變音質，例如唱針的針壓多一點或少一點，聲音就完全不一樣。如果希望低頻多一點，這個針壓就要稍微高一點。也有人會透過墊材來增壓，例如日本京瓷(Kyocera)公司曾以精密陶瓷製作過一塊唱片墊，把它放在黑膠唱片下，唱針在循軌讀取時，因為唱片下的支撐不同，影響了共振，唱針反饋傳出的聲音也就不一樣了。至於墊材的材質，除了陶瓷外，有人用不鏽鋼墊，有人用碳纖維墊，有些人用其他軟墊，不同材質，帶來的聲音都不同。

轉盤的種類也有很多種，基本上有金屬的、木頭的、陶瓷的，大部分是以鋼或銅放在下方當作基底，上方再放不同材質的唱片鎮，讓聲音反饋的品質更加不同。不同的材質會有不同的反饋力量，當然會影響播放品質。

這部黑膠轉盤的材質是金屬的。圖中唱片中央上方放的是唱片鎮，它會影響唱針讀取時的反饋。不同材質製成的轉盤、唱片鎮，都會影響聲音的品質。

3. 唱片鎮是放在唱片中央上方的物件，加上唱片鎮後，會影響唱針讀取時的反饋，也會改變共振品質。我曾嘗試把自己發明的超波導引共振器製成唱片鎮，放上去後，立刻改變共振狀態，帶出不同的聲音。

我和其他發燒友之所以會這樣熱衷研究黑膠播放系統的這些配件，主要都是希望提升共振及音質。現在複合材質愈來愈多，例如碳纖維、高合金、航太合金，只要知道自己想要的聲音是什麼樣的，就可以利用不同的材質朝那個方向去嘗試，幫助自己找出想要的聲音。

轉盤除了轉速外，它的驅動形式也有很多種。一般是由馬達直接帶動的直驅轉盤，構造簡單，節省空間，但馬達產生的振動會影響到轉盤的穩定。所有與振動有關的，都會影響聲音，即使是人走路所產生的地面振動，都會經由地板傳到桌子，再傳到轉盤，最後影響到唱針。

唱針這麼細，在狹窄的音軌中循軌，訊息再經過電流、透過功放，最後透過喇叭播放出來。因此，任何振動反饋到唱針的時候，可以想像它透過播放後會有多大聲了。這也是為什麼比較講究的人非常在意直驅馬達的振動，也因此後來有人設計了另一種獨立轉盤，把馬達獨立出去，這樣就可避免馬達的振動。

獨立轉盤是以皮帶或釣魚線來帶動轉盤，有的廠商還利用現代科技做出磁浮轉盤，完全是用磁吸的方式讓轉盤懸浮，只靠磁力運作，完全沒有摩擦力，唱臂也是氣浮式的，甚至黑膠唱片也是靠真空的方式平貼在轉盤上。拜科技之賜，這些都為轉盤帶來了穩定度。

除了排除振動，也有人採用抑振的方式來提升音質，也就是抑制振動，把外界的振動對音響的效果降到最低。例如，在音響展裡我們可以看到，百萬級的音響基本上重量都非常重，動輒五、六十公斤，甚至還有上百公斤的，尤其純A類的後級擴大機。以我從前買的音響為例，一個喇叭是兩百公斤，遇到搬家就很痛苦。為什麼需要這麼重?主要就是為了抑振，因為喇叭夠重，不會受各種振動影響，包括人的走動、車子經過……等帶來的波動。國外甚至有人為了抑振，把音響和喇叭直接嵌在水泥牆上，有效降低振動的影響。

我個人認為，提升共振品質可分成外在式的與內在式的。抑振是從外部隔絕所有的振動，改變材質或塗層則是內在式的，從音響本身，透過材質、塗層、配件……等，創造出一種和諧的共振，來達到音聲優化的目的。我的經驗告訴我，由內而外的調整，是比較直接而且有效的方式。

如果黑膠可以調校，CD呢?你可能沒聽過，CD還可以整容呢!甚至很多聽CD經驗豐富的人，也可能不知道這件事。

十幾年前，我在一家賣音響零件的公司裡發現兩台機器，一台是專門清洗CD的機器，體積很大，把CD放上去，機器會自動將CD清洗乾淨。清洗後CD的聲音確實會更好，不過價格很貴，所以我有點猶豫是不是要購買。

接著，我看到另外一台機器。那是用來處理ＣＤ的切割機。老闆告訴我，清洗ＣＤ可以讓聲音變好，但是這台「整容機」可以讓聲音更好。結果，我竟然選擇了價格更高的這一台，只因為它能讓聲音更好。

這台ＣＤ切割機是德國一位生化博士發明的，使用方式是把ＣＤ放上轉盤，轉盤旁有兩到三款不同角度的車刀，選擇你要的斜角角度後，開啟電源，機器就會透過馬達開始轉動，並依照你選擇的角度，在ＣＤ的邊削出角度來。

前面提過，ＣＤ是把音樂透過訊息燒錄在ＣＤ片上面，再以雷射光讀取，所以在那當下我實在很難想像，把ＣＤ邊緣削出斜角，為什麼會影響聲音？

我把機器抱回家後就開始實驗。一開始因為技術不夠純熟，削壞了好幾片ＣＤ。成功削出一張的角度後，我立刻放入播放機裡播放。這張ＣＤ我非常熟，聽了不知道多少遍了，但聲音出來的那一剎那，讓我大吃一驚！聲音真的不一樣了，背景變得比較乾淨，音場變得比較開闊，細節也比以前多。

這實在超乎想像，為什麼削個邊，ＣＤ聲音就不一樣了？我回去和老闆討論這件事，沒想到他說，你回去再試試看，用不同顏色的奇異筆在ＣＤ邊緣塗塗看，黑色、綠色、紅色都可以，聲音也會不一樣。

我回去二話不說，就拿黑色奇異筆在邊緣塗一圈，塗完後再放上去播放，聲音真的不一樣了，變得更好，細節又更多，尤其是高音乾淨的程度提升了。然後我再換綠色、紅色，都試了一遍，發現紅色的聲音沒有那麼好，綠色我個人很喜歡，黑色則很乾淨，而且不同顏色搭配不同的角度，聲音也不一樣。

還記得我實驗的CD裡，有一張是瑞典錄音的《麥田之聲》，這張是在教堂錄音的，我削完後，裡面的樂器聲音和空氣感，還有合唱團每個人的嘴形，都比以前清楚很多。

這個經驗讓我開始思考，聲音裡到底還有多少祕密是我們不曾想過的？無論是不是符合邏輯，The sound will tell the difference.（聲音會告訴你不同之處。）如果你的器材夠敏銳，可以播放出足夠的細節，你就會發覺，耳朵聽到的聲音就是不一樣。一開始或許無法了解為什麼不一樣，會想找出原因，正是透過這種尋找原因的過程，你對聲音會漸漸有了不同層次的理解。

經過多年以後，雖然我沒有辦法用科學原理來證明，但我試著推論出來的原因是這樣的：CD播放時會高速旋轉，雖然有些機器可以使用CD鎮，但無論是不是有CD鎮，CD在旋轉時的穩定度並不好。就像飛機的機翼設計能讓飛機在起飛時更為穩定，我們把ＣＤ的邊緣削薄一點，應該減少了它的振動幅度，相對的，雷射頭在讀取ＣＤ時會更穩定，讀到的訊息量會更多，播放出來的聲音也就比以前更好。ＣＤ削邊能讓聲音變好，似乎聽起來就有了一點道理。

可是顏色呢？為什麼塗上黑色會帶來沉靜，綠色帶來活潑，紅色帶來躁動？是不是因為顏色有不同的波長，所以對內部產生干擾？

我的推測同樣也來自於經驗。當年玩音響時，我們曾瘋狂到用不同光線來照射音響內的主機板，測試不同的波長是否會影響音響裡面訊號的流動，聲音最後會不會有什麼不一樣。這麼說聽起來很奇怪，但聲音的細節確實就是不一樣。

這同樣又要從德國人說起。十幾年前，有位德國人發明了一個很有趣的產品。他把有顏色的燈泡放在毛玻璃做的燈箱裡，而且還可以換不同顏色的燈泡。裝好燈泡後，再把燈箱放在兩個喇叭之間，先放音樂，然後點亮燈泡，再熄滅。這時，聽音樂的人發現，燈亮時聲音聽起來真的比較好，音場比較清楚，而且聲音的整個品質都比以前好。當時我們也做了不少這類的試驗，不同顏色的燈泡確實也有不同效果，但我至今還無法解釋清楚是什麼原理。

有一次，我把這件事告訴北京中央音樂學院古琴專業的趙曉霞老師，她提議，如果有機會的話，可以合作一個實驗性質的演奏會：她演奏同一首曲子，我選擇讓燈光全暗，或點亮某個顏色的燈，讓現場觀眾感受一下，不同的燈光，會帶來什麼樣不同的聆聽感覺。

人的五感是相互連結的，只是現在的生活方式和節奏讓我們的五感鈍化了，五感之間的連結也斷了。很希望有機會能透過這樣的演奏會，讓大家理解光線確實會影響聲音，也可能提升音質。這應該會是很有趣的體驗。

我也相信，從不同面向來認識聲音，斜槓了很多種不同的可能性，能幫助我們更了解聲音、頻率與共振，以及它們和五感、身體的關係。

PART 3

人體就像樂器，好的共振啟動自癒力

人體有七〇%左右是水分，因此，人體就像一個振動體。就像提琴與提琴之間會產生共振一樣，人體既然會振動，也就會受其他聲音的振動影響。

人類也有自帶的樂器，那就是人聲，而且它具有自我療癒的功能。因爲人聲泛音更接近人體的共振，所以我們在教堂裡聽聖歌，或是在佛寺裡讀誦佛經時，都會因爲有好的共振而心情沉靜，身體舒暢。

Chapter 06

調整空間，與好的共振產生連結

或許我們可以用攝影來做個比喻。
如果景深是影響照片成果的重要因素，
那麼，音箱喇叭的擺放位置也是類似的道理。
當音箱左右喇叭的距離
大於你的兩個耳朵之間的距離，
這時，聲音的解析度會比較立體，
呈現出來的音像也會比較清楚。

從第一部打開對聲音的想像，到第二部認識聲音與共振之間的關係，相信各位都已經了解如何大幅提升聆聽的感受，也知道如何透過六大指標、五大元素來判斷或挑選音響、耳機或樂器了。接下來，就讓我們從空間入手，進一步了解共振和生活之間的關係。

在開始之前，我想先和大家分享一個小故事。

很多年前，我在法國里昂的一個酒窖裡，欣賞了一場很特別的大提琴演奏。演出者是我的好朋友，他曾在國家交響樂團擔任首席，熱愛法國的紅酒、音樂，後來搬到法國，在當地的音樂學院擔任大提琴教授，我因而有機會前往當地，參與他這次特別的演出。

法國有很多酒窖位於地下或坑道裡。想像一下，當我的朋友開始演奏大提琴時，琴聲在酒窖空間裡揚起，再加上四周木質不同、尺寸不一的各式釀酒桶，會帶來多麼獨特的共振！我聽過無數次大提琴的現場演奏，卻從來沒有聽過這樣的聲音。那琴音真的很難形容，聽起來似乎帶著濃濃的木桶味、金屬味、老牆味，甚至還帶著一點點酒味……我不知如何精準透過言語來和各位分享那次的聆聽感受，只能說，那是令人非常難忘的經驗。

空間就是一種槽腹結構

在酒窖裡演奏大提琴的聲音效果之所以這麼好，主要是因為坑道牆壁是堅硬的石頭，會產生比較硬的反射音，因而增強了琴聲的整體共振。

酒窖的周圍主要都是堅硬的石頭，會增強琴聲的整體共振。

不過，在酒窖裡演奏大提琴雖然共振效果好，但只有單一樂器演奏時，才會有這麼出色的效果，如果是很多樂器一起在這裡演出，就可能是災難了。因為我們聆聽聲音時，主角應該是發聲體傳出來的直接音，反射音只是輔助、烘托的功能。如果很多樂器在密閉空間裡同時演奏，反射音的量感會大幅超越主發聲體的聲音，各種樂器的聲音接二連三撞擊在牆面上，造成很多反射音，可以想像，聲音的成像品質會不夠清楚，聽起來的感覺會是轟轟轟的糊成一團。

從這個例子我們可以了解，密閉空間其實也就像小提琴的槽腹結構一樣。換句話說，酒窖是一個槽腹結構，音樂廳或表演廳也是一個槽腹結構，因此，好的空間也會帶來好的共振。既然槽腹結構是影響共振品質的五大元素之一，而空間也是一種槽腹結構，那麼你是否猜得到，決定空間共振好壞的因素有哪些呢？

1. 音源發射後的集中與擴散：決定空間共振品質好壞的第一個因素，就是音源。當聲音自源頭發射後，它如何集中、如何擴散，是很重要的關鍵。以音樂廳來說，就是指舞台與發聲源之間的關係。如果舞台太深或太淺，或是角度太廣，都會影響聲音的擴散與集中。

2. 空間能吸收或反射多少殘響：當聲音發出後，聆聽者坐在音樂廳的某個位子，他聽到的第一個聲音是直接音，接著是來自牆壁、天花板，甚或座位的反射音，以及牆壁、天花板、座位吸收聲音後留下來的殘響。這些空間中的物件能吸收多少聲音、留下多少殘響，都會影響我們聽到的聲音品質。

這裡我想再分享另一次經驗。幾年前，我到大陸某個極為有名的音樂廳聽演奏會。演奏者是上百人的交響樂團，陣式非常龐大，我坐在音樂廳的ＶＩＰ座位，那可說是整個音樂廳最好的位子了，但音樂一出來，我的心中也產生了很多的問號。

這個樂團的實力很好，音樂廳很新，整個建築非常現代，燈光、設計也非常舒服，但我聽到的樂聲卻不太清楚。音樂廳再新、再有設計感，來聽演奏會的本質畢竟還是要回到音樂本身，所以我很想知道究竟是哪裡出了問題。

基於好奇，演奏會結束後，我走到主舞台旁，敲敲地板，試著了解地板的反射材質。接著又走到音樂廳的牆邊，拍拍牆壁，發現音樂廳的牆高三、四層樓，是用類金屬材質製成的，弧度很大，很薄，而且是中空的。我研判，應該是這樣的材質與設計，嚴重影響整個空間裡的反射音與殘響，才會讓交響樂團的樂音聽起來一片模糊。我坐在VIP中的VIP位子，聽起來就這麼模糊，其他座位的聆聽感受可能更不理想，這個音樂廳在處理反射音與殘響這個部分，還有很大的改善空間。

3. 運用反射板、共振柱來提升共振效果：每個空間的狀態不一樣，演出的形式也不一樣，這也是為什麼舞台上經常會有活動式的反射板。只要調整反射板與演出者之間的角度或距離，就能加強反射的效果，控制聲音成像的品質，讓聲音既能發散，又夠集中、反饋，這樣聽起來才會圓潤、耐聽。

關於空間與聲音，我也有一個新的嘗試，那就是共振柱的設計。共振柱是一種活動式的裝置，可以根據空間的狀態、演奏的型態，透過不同的數量與擺放位置，來

維也納的金色大廳於1870年啟用，是音聲效果數一數二的世界知名音樂廳。
（圖片授權：By Clemens PFEIFFER, A-1190 Wien, CC BY-SA 3.0, https://commons.wikimedia.org/w/index.php?curid=366378）

提升整體的共振效果。

好的空間，必須讓坐在觀眾席上的人能聽到聲音的軸心，也就是聲音的中軸。人在感受音質的好壞時，需要好的共振將聲音的軸心確確實實傳遞過來，這樣的聲音才會帶來感動。如果聲音不好，只是音量大，基本上只會帶來「哇！好大聲！」的驚訝，但缺乏足夠的共振，當然也沒辦法持續傳遞那種打動人心的感受。

聲音一旦失去軸心，所有細節都會慢慢散開、消失。就好像聽到一連串的聲音，如果沒有主軸的核心串連所有的共振，聲音就會失去勁道，旋律也是破碎的，更不會有好的共振品質。

這有點像打太極。太極是外行人看熱

鬧，內行人看門道的拳法。不懂的人，覺得練太極拳是輕鬆緩慢的運動，真正了解的內行人就知道，太極拳在慢、鬆的過程裡，其實含有深厚的勁道。再換成另一種比喻的話，也可以說，這有點像偶像歌手與實力歌手，他們的差別，就在於聲音裡有沒有勁道，能不能夠把勁道傳遞給聆聽者，帶來感動和共鳴。

除了音樂廳外，這幾年流行直播，Podcast 也百家爭鳴，相信很多人都看過錄音室，甚至進過錄音室。不知道各位有沒有留意過，錄音室的天花板、地板或牆壁上有各式各樣的材質，這些都是為了吸收反射音、減少殘響，以免錄進雜音。

錄音室的天花板、地板或牆壁使用各種不同材質，目的是吸收反射音、減少殘響，以免錄進雜音。

因此，在錄音室裡錄音，某種程度能讓聲音變得乾淨，不過，如果過度吸收反射音、過度減少殘響，聲音就等於失去了共振。

想像一下，當一個人說話時，麥克風只收到他的聲音，但沒有收進現場周圍的反射音，他的聲音會變得非常乾，甚至不太自然。這也是為什麼有些演奏者選擇不在錄音室裡錄音，因為錄音室收錄的聲音雖然乾淨，但感覺就是少了一些厚度，少了一些共鳴，少了一點溫度。

我聽過不少人在小酒館、地窖、咖啡廳或小書房裡架起錄音設備，直接錄音。大提琴家馬友友就曾受邀在「小書房」(NPR Tiny Desk Concert)裡做過直播。書房裡有書架，就和酒窖裡有木桶等物品一樣，形成的反射音會讓聲音的層次更加豐富。

還有，有些人在錄製聖樂時，會選擇在教堂裡錄音，尤其是歐洲的大教堂。教堂建築就像一個巨大的槽腹空間，聲音傳出後，碰到不同的座位會有不同的反射，再加上教堂本身有足夠的舒展空間，會創造出一種神聖而獨特的聆聽感受。儘管在教堂錄音有很好的殘響，但也要留意控制殘響的比例，以免反射音太強，反而讓聲音變得模糊。

為什麼在浴室唱歌特別好聽？

如果建築空間是一種槽腹結構，那麼和提琴一樣，空間的形狀、黃金幾何點，以及如何吸收、反射，還有殘響比例等，都會影響到高音、中音、低音的表現與平衡，還有它的共鳴效果。

有人問我，為什麼很多人都喜歡在浴室裡唱歌，而且好像特別好聽，甚至比在KTV裡唱得還好聽？前面酒窖裡的大提琴聲，是否讓你聯想到答案了呢？

是的，浴室和酒窖一樣，空間裡大部分是硬度高的材質，例如磁磚、大理石，加上這些材質的表面很光滑，幾乎不會吸收殘響，而且是強反射，所以對中頻，尤其是人聲的反射很有幫助，也特別容易有共鳴。

浴室空間裡大部分是硬度高的材質，有助於人聲的反射，較容易帶來共鳴。

同樣以此類推，一個人在浴室唱歌效果很好，兩個人以上的話，效果就不一定好了。還有，如果在浴室裡拉小提琴，或是唱女高音，可能不只你的耳朵會受不了，鄰居的耳朵也可能會受不了。因為浴室四周的材質無法吸收高頻的殘響，高頻的聲音反射不但比中頻強，而且速度非常快。

另外，有些浴室為了乾溼分離，會加裝浴簾或玻璃門，聲音效果也會不同，因為玻璃或浴簾都會改變聲音的吸收與反射效果，甚至有浴缸和沒有浴缸的浴室，聲音也不一樣，因為浴缸本身也創造了一種空間，而且就像酒窖裡的木桶一樣，浴缸的材質也會對聲音產生影響。如果有機會的話，各位不妨在不同的浴室裡唱歌試試看。

音響的擺放位置，會影響家庭劇院的品質

還記得前面提過，改善音箱和耳機的共振，就可以提升聆聽的品質。接下來我們就進一步從實務面來看看，如何讓家裡的音響發揮更好的效果，讓美好的音樂更貼近你的生活。

不知你是否看過，有些人聽音樂時，會像電影《無間道》裡的劉德華和梁朝偉那樣，透過調校兩個喇叭之間的距離，來讓聲音有更清晰。你知道為什麼要這麼做嗎？因為音箱的距離會影響聲音的解析度。

或許我們可以用攝影來做個比喻。如果景深是影響照片成果的重要因素，那麼，音箱喇叭的擺放位置也是類似的道理。當音箱左右喇叭的距離大於你的兩個耳朵

之間的距離，這時，聲音的解析度會比較立體，呈現出來的音像也會比較清楚。

只要找到左右音箱與耳朵之間最適合的對應關係，你會因為聽到更多細節而驚訝。例如，如果播放的是小樂團的表演，你能清楚聽出主唱、吉他手的相對位置。如果是合唱團，演唱高音、中音、低音的人的位置，甚至某個人嘴巴的大小，都能夠透過聽到的聲音想像出來。透過音箱位置細微的調整，就能提升聲音成像的品質，大家可以根據自己的空間、音箱狀態，在家多試試看。

HiFi發展至今幾十年，從單聲道逐漸演進至多聲道，現在一般音響大多是雙聲道或多聲道。不過目前智能音箱大多只有一個音箱，較少多聲道。

多聲道的聲音聽起來比較清晰，現在再回頭聽單聲道傳出來的聲音，雖然會覺得具有獨特的韻味，但如果追求的是清楚的解析度，單聲道就比較難達到要求。因為只有一個音箱較難呈現出音場，也就無法讓音像清晰。也因此，目前家用音響和智能音箱最大的差別，就在於聲音的解析度，這其實也是高級音響和一般家用音響的主要區別。

現在很多人在家裡安裝的家庭劇院幾乎都是多聲道的，而且通常至少都是5.1聲道，甚至還有7.1或9.1聲道的，就看數位解碼的能力。什麼是5.1聲道？就是左右各一個，中間有一個，後面有兩個。所謂的.1，就是再加上一個重低音喇叭，這樣在家裡看電影時，就能有身歷聲的立體感受。

5.1聲道裡，最重要的是哪一個?因為家庭劇院的目的是看電影，電影裡最重要的聲音是人與人之間的對話，因此，中置喇叭的成像品質是最重要的，因為它負責中頻，也就是主角的對話，其他喇叭則負責創造音場。

儘管如此，即使擁有的只是一般家用音響，還是可以用以下幾種簡單的方法來提升音質，大家不妨在家裡試試看。

1. 把喇叭墊高：這種方法我們前面已經提過。只要把音箱墊高一點，聲音就會很不一樣。即使是落地型喇叭(也就是立式喇叭)，還是建議可以再加上一些木質的墊材，創造出喇叭下方的空間，音場會變得更開闊。

2. 喇叭放在牆前：將喇叭放在牆的前面，與牆之間也要保持一點距離。距離的長短和喇叭的大小有關，如果喇叭大一點，就可以把距離稍微拉大一點。根據音箱的大小來決定喇叭與牆之間的關係，能讓聲音聽起來比較扎實。除了把喇叭放在牆的前面，如果可能的話，建議在喇叭的後方再加上反射板，透過木頭的反射，聲音也會有所不同。

3. 喇叭之間要有適當距離：前面提過，兩個喇叭和你之間的距離，就像三個點形成的三角關係，是影響聆聽效果的關鍵。至於怎麼樣才是最好的距離？這與空間有很大的關係，需要慢慢測試、調整。

首先，先把喇叭距離稍微拉寬一點，試著聽聽看。例如，蔡琴的人聲是不是還凝聚在中間，朝你迎面而來？如果發覺她的歌聲好像瓦解了，聲音變得比較發散，就表示喇叭距離可能太寬，這時就需要再調近一點。

這就好像拍照時的對焦，透過距離的調整，原本聽到兩個喇叭就像各自發聲，但調到某個距離時，人聲又開始從左右往中間聚焦，並且迎面而來，這就表示左右聲道有了交集，聲音的解析度變好了。此外，喇叭愈大，可調整的距離範圍也愈大，音場也會比較開闊，成像品質也會更清晰。有機會不妨依照這種方式訓練自己的耳朵，聽出不同距離之間的關係。

4. 調整喇叭面板的角度：當兩個喇叭的距離調整得差不多時，接下來就可以調整喇叭面板的角度了。面板的角度應該直直朝前？還是稍微往中間斜擺一點？因為每個空間的條件不同，許多因素都會造成影響，各位不妨動手實驗看看，透過不同調整的變化，就能找到聲音最清晰的角度。

很多人都有這樣的經驗：在音響店裡聽起來覺得非常好聽的喇叭，買回家之後，發現聲音很不一樣。這是因為家裡和音響店的空間元素、形狀、大小都不同，因此，回家後可以依照前面建議的幾個方式來調整喇叭的位置、距離、角度，再觀察空間裡有什麼材質會影響反射與吸收，這樣才能搭配自己家裡的空間，找到最好的聆聽效果。

5. 調整播放系統：有些人的播放系統可能是CD播放器，或是透過電腦、MP3、藍芽播放裝置來播放音樂，無論哪一種，不妨在播放裝置下方也加放一些墊材。即使是透過手機播放，還是可以把手機放在墊材上，尤其是硬木的墊材，只要仔細去聽，就會發現播放出來的聲音有些微的不同。

我常開玩笑說，人是類比的，不是數位的，因此，建議你親自測試看看，只要花一點時間體驗，你會發現，藉由以上種種的調整，音像會變得更清晰，音質更純淨，這種聲音的變化，或許會帶給你意外的驚喜。

6. 更換線材：一般發燒友都知道線材和聲音之間的關係密切。所謂線材，就是指各種連接線，例如電線或訊號線。無論是音箱內的導線，或者傳輸訊號的線，還有高階耳機的訊號線……等，都可以更換線材，而且更換後就會讓聲音有所不同。即使是耳機，我也建議可以試著更換線材，因為耳機是直接貼在耳朵上聽的，線材一換，耳朵可以更敏銳感受到聲音的不同。有時你會發現，換上一條好的線材，效果立刻提升，而且比起另外買高階耳機相對省錢。

至於更換什麼樣的線材比較好？一般而言，線材價格高，多半與線材裡的稀有金屬有關係，例如含銅的成分是不是夠純……等。如果混合了銀或金，也要講究比例。另外，還有線材的處理技術也是關鍵，例如，在退火[4]或成線的過程中，每個廠商都有自己獨門祕技，價格自然也會有差異。

我個人的建議是：如果希望以最經濟的方法來提升聆聽品質，那麼可以選擇銅鍍銀的線材。銅對於中頻與低頻的量感有很大的幫助，會讓聲音比較厚實，再加上銀，可以增加中頻與高頻音質的華麗感。畢竟買純銀線成本太高，大部分純銅線的品質又良莠不一，若是銅鍍銀的線材，基本上不太會使用品質太差的銅。因此，選擇銀鍍銀的線材，等於選擇了這兩種金屬相乘的效果。

如果不想自己ＤＩＹ，可以請線材店或音響店幫你更換銅鍍銀的線材，單蕊或

4 退火是一種金屬熱處理的工序，指將金屬加熱到一定溫度後，再有控制的讓溫度緩慢下降。退火的過程，能讓經過加工的金屬增加塑性、延展性或韌性，釋放殘餘的應力。

多蕊都可以，先不必太在意。換上銅鍍銀線材後，你會發現，聲音會變得比較溫潤，也比較清晰，所以換這種CP值很高的線材，有時比更換播放器或新耳機更值得，因為高價的喇叭或耳機有時未必會使用好的線材。

當然，線材也有不同的等級，愈好的線材通常可以帶來愈好的效果，有時更換之後，甚至會讓喇叭個性有所改變，讓聲音呈現出另外一種樣貌，這是更換線材吸引許多發燒友不斷實驗的原因。

7. 清潔：這是提升音質最簡單的方法，有些人可能不相信，但這的確也來自我親自測試過的經驗。

有一次，我和一位音響前輩一起在我家聽音樂時，他對我說：「你的喇叭上看起來有灰塵。」

我的反應是：「灰塵？灰塵會影響聲音嗎？」

他沒多說，還是要我清理喇叭上的灰塵。我先把灰塵撣一撣，再拿布擦乾淨，原本蒙上一層灰的碳纖維烤漆出現了原本的光澤感。結果我們再重新聽音樂時，發現聲音還真的比剛剛鮮活了一點，讓我大吃一驚。

我舉這個例子是想告訴大家，無論是喇叭單體、振膜，或是耳機上的灰塵，都會影響聲音的呈現，尤其振膜是很敏感的材質，建議要經常用軟布或軟刷子清潔。或者，當你覺得音箱傳出來的聲音有點悶，也就是該清潔音箱和振膜的時候了。

8. 更換單體上的螺絲：提升現有音響音質還有一個方法，如果願意DIY的話，建議可以更換喇叭單體上的螺絲。

音箱音質不好，絕大部分都和製造成本有關，尤其螺絲的品質最容易被忽略。如果有機會，不妨換換螺絲。無論換成不鏽鋼的、銅的，或是鈦製造的螺絲，裝上去後，都會改變聲音。純銅螺絲在市場上較難買到，大部分都會混和一些其他材質，即使外表像銅一樣金亮，未必是純銅製成的。如果有機會換上純銅螺絲，聲音效果值得期待。如果是品質較好的鈦螺絲，聲音也會變得比較乾淨。

不同的螺絲可能會影響不同的聲音走向，甚至鎖螺絲的力道也會影響聲音，這一點非常有意思，也是Hi End音響界裡比較講究的發燒友會做的實驗。當然，螺絲不是鎖得愈緊聲音就愈好，而是要恰到好處，至於怎麼樣才是恰到好處，就需要配合音箱本身的狀況和聲音的變化來決定了，有機會動手試試看，可以從經驗中找到最適合的狀態。

如何在音樂廳裡挑選「黃金聆聽座位」?

很多人都去過音樂廳欣賞音樂，不知道各位有沒有什麼特別難忘的聆聽經驗?是否記得是在哪一個音樂廳?又為什麼難忘?是因為演奏者非常出色?還是音樂會的效果帶來特別的感受?

不知各位有沒有想過，在同一個空間裡面，不同的演出形式，聲音也會有不同共振效果?還有，好的演出也需要好的空間相互搭配，因為實力再好的音樂家，他的演出成果如何，和音樂廳的效果有很大關係，如果音樂廳在聲音、共振這方面的設計不夠好，會大幅影響聆聽者的感受。

幾年前，朋友邀請我到北京參加一個論壇，論壇的主題是中國音樂節的未來。當時主講人有三位：第一位是來自深圳的老師，分享如何在中國舉辦鋼琴音樂節的經驗。第二位是中央音樂學院的小提琴大師，談的內容是如何舉辦中國小提琴音樂節。另外一位則是耶魯音樂學院院長羅勃·布洛克(Robert Blocker)，他分享的是多年來舉辦世界性音樂節的經驗。

當三位主講人分享完畢後，開放現場提問，其中一位觀眾舉手問布洛克：「我在耶魯念建築，現在畢業回國服務。這幾年在中國二線、三線的城市蓋了許多音樂廳和演奏廳，但聲音效果都不是太好。想請問教授，為什麼這些場地的聲音效果都不好？可能的原因是什麼？」

布洛克聽完後笑了一下，接著說，他去過很多音樂廳，包括俄國、歐洲，還有美國的，有些音樂廳的聲音效果還不錯，耶魯大學的也是其中之一。不過，他最後總結經驗時指出，大部分音樂廳的效果好，通常是運氣好。他又接著表示，音樂廳的好壞，以目前的科學數據還無法精準研判。

他的說法讓我覺得很有意思，也十分認同。的確，就像那位耶魯大學建築系學生說的，現在有愈來愈多的表演廳、音樂廳，或許都用了最好的建材，或許設計也很出色，但是大部分的聆聽效果卻不是很好，原因是什麼？

我們先回想一下前面曾提過的，決定空間共振的品質好壞有三個因素，第一是音源發射之後，聲音的集中與擴散，第二是聲音發射出去之後，空間裡的天花板、牆壁能吸收或反射多少殘響，第三則是要能根據空間的狀態或演奏形式來調整共振效果，這樣音樂廳才可能達到均衡的共振品質，讓大部分聽眾能有好的聆聽感受。

很可惜的，現在大多數音樂廳都以多功能的空間設計為主，希望在同一個空間裡能舉辦獨奏、室內樂，甚至合唱團、交響樂的演出也是在同一個地方。這些不同演出的人數從一人到上百人，表演型態涵蓋了弦樂器、管樂器、打擊樂、人聲。然而，大家都忽略了，想讓同一個音樂廳能應付這麼多不同型態的音樂，實在很難面面俱到，也很難有很好的效果。

前面提到的那個知名音樂廳，其實是近年來全球耗資數一數二打造出來的，燈光、建築設計、質感都非常好，但坐下來聽音樂的效果就是不好。按理來說，建築音響學(Architectural Acoustic)應該是隨著科學發展而進步，現在興建的音樂廳，效果應該要比以前更好才對，但我在這個音樂廳的聆聽感受，卻比不上幾十年前建造的，實在可惜。

身為觀眾，我們無法直接參與音樂廳如何提升聲音品質，不過還是可以在購票劃位時，為自己挑選一個聆聽效果好的座位。

不知各位平常是怎麼選座位的呢？我個人認為，價格最高的，未必就是最適合的位子。接下來就和大家分享我自己的選位法，希望能幫助各位在不同的音樂廳中，只看座位表就能判斷，哪些是相對而言聆聽品質比較好的座位。

在每個空間裡，都有一個我稱為「黃金幾何點」的點。音樂廳是一個立體空間，在這樣一個槽腹結構裡，如果按照黃金比例來計算的話，那個點有可能會出現在半空中，但我們不可能吊在空中聽音樂，所以還是從平面圖上來看。

首先，先找出座位圖。接著，排除以下幾區的座位：二樓和二樓以上的包廂區，還有頭頂上方有其他樓層的位子。

接下來，在剩下的座位區裡，縱向畫一個Y軸，橫向畫一個X軸，把這個空間分成四個象限，而且這四個象限的座位數目要差不多。例如，扣除前面提到的位子後，如果剩下大約一百個座位，那麼在畫了X軸、Y軸後，象限的左上、右上、左下、右下四區，座位數量要差不多。這時，在X軸、Y軸交叉點附近區域的位子，都可算是黃金聆聽座位。坐在這幾個位子，聽到的聲音品質會相對平衡，音像呈現的品質也相對比較好。

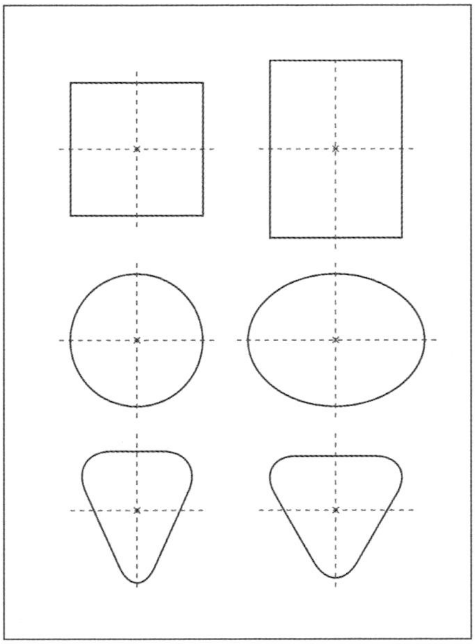
黃金幾何點

至於前面建議先排除的那

幾區的位子，主要是來自我個人累積的經驗判斷。例如，座位上方有其他樓層的那幾排，雖然是在一樓的平面區，但因為上方就是其他樓層的地板，舞台的聲音傳出來後，高頻聲音往上揚，在這一區幾乎聽不到高頻的共振。

還有，除非欣賞以劇情為主的歌劇，否則比較不建議選二樓和二樓以上的包廂區。有些人可能因為需要較私密的空間或其他原因而選擇包廂，但若是以聲音的品質來講，包廂雖然在視覺上有居高臨下的開闊感，但因為座位在面對舞台最左邊或最右邊，所以聲音的左右平衡度不會太理想。

即使不是左右兩側的包廂區，位於樓上的座位，除了最前排外，通常都聽不到低頻，因為低頻的特色是下潛，所以很難傳至樓上的後排空間。

至於在扣除以上幾區的座位後，為什麼還要畫出四個象限，選擇X軸、Y軸交叉處附近的位子呢？那是因為衣服、人體都會吸收聲音，即使同一個樂團在同一個場所演出，觀眾的人數也會影響我們在座位區聽到的聲音品質。如果座位前後左右的人數接近，他們吸收聲音的比例也會比較接近。

在這一章裡，從「空間也是一個槽腹結構」這個觀念開始，我和大家分享了人與空間的關係，以及怎樣找出與喇叭之間的最佳距離、欣賞音樂會的黃金聆聽位置，希

樂廳的座位區如果是多樓層的，挑選位子時，建議先不考慮二樓和二樓以上的包廂區，以及座位上方有其他樓層的位子。

望透過這些我處理空間與共振的經驗和心得，能夠拉近你和音樂之間的美好距離。

Chapter 07

避開生活裡的壞聲音，沉浸在好的共振裡

如果能製造出好的高頻泛音，
就能爲人體帶來好的影響，
以及好的療癒感受。
泛音的作用，就像高濃度的負離子、芬多精，
能讓人感覺身心舒暢。
泛音豐富的器物所產生出來的聲音，
能讓身體所有細胞都感覺到共振。

好的聲音能夠透過共振，為聆聽者帶來美好的聽覺享受，但很少人留意到，聲音也會對人產生刺激和影響，這種聲音就是噪音。

聲音汙染：不好的聲音如何傷人？

一般來說，環境噪音的主要來源不外是工廠、交通、營建、商場或居家生活。例如，汽車忽然在身後按喇叭，讓人嚇一跳。或者是鄰居整晚唱卡拉ＯＫ、半夜裡有摩托車拆掉消音器呼嘯而過……等，都是經常遇到的狀況。偶爾，會有鄰居裝修房子的鑽牆、敲打聲，一施工就是好幾個月，甚至長達半年。如果住家附近有工廠，那就會常聽到機器運作的聲音。

不管是什麼樣的聲音，只要音量太大，或持續時間過久，不只讓耳根無法清淨，也會對健康帶來負面的影響，這些聲音都是噪音，也可稱為「聲音汙染」。

台灣在民國八十一年就公布了「噪音管制法」，用來管制各種造成聽力傷害，或引發生理障礙的聲音。「職業安全衛生法」也規定，如果勞工每天工作八個小時，而且每個小時的平均音壓在八十五分貝以上，就屬於噪音作業，雇主必須採取一些聽力保護措施。

噪音除了會造成暫時或永久性的聽力損失外，很多研究顯示，它也會影響生理，造成瞳孔放大，心跳加快，血壓升高。有些人還會因為噪音而出現腸胃不適，或食慾不佳等狀況，甚至容易疲勞、失眠、頭痛，更嚴重的，是噪音會影響內分泌、循環、呼吸、消化等系統。

噪音對人體的影響，大致與以下三個因素有關：音量有多大？延續的時間有多長？噪音的頻率特性。例如，噪音的頻譜裡，如果有些頻段的瞬間音量出現劇烈的起伏，這時就會形成所謂的「峰值」(peak)。峰值就像一把刀，有時可以幫助人，但大多時候都是會傷人的。

除了戶外環境的噪音，你是否想過，在日常生活裡還有哪些聲音汙染是你不曾留意到的？以下就是我們比較容易忽略的一些隱藏版聽力殺手。

1.耳機：現代人經常戴耳機，但不當使用耳機，可能會嚴重影響聽力。近年來聽力損傷的年齡逐年下降，而年輕人聽力受損的主要原因，大多來自於耳機使用不當。以通勤族而言，在馬路行走或搭捷運時，由於環境中的噪音可能會出現瞬間超過

各種聲音對人體造成的影響

音源	分貝（dB值）	對人體影響
聽覺門檻	1	
微風	10	
低語	20	影響睡眠
鄉間、柔和的交響樂	30	
輕聲說話	30~40	
安靜的辦公室、圖書館	40	
一般辦公室、居家環境	50~70	影響學習
百貨公司	60	
一般交談聲	60~70	
一般吸塵器	70~80	工作效率降低（職業安全衛生法規定每小時平均音壓不得超過85）
一般汽車聲、工廠	70~90	
營建工地	80~110	
繁忙的車流	85	
吵鬧的工廠、最大聲的交響樂	90~95	長期暴露會造成聽力損失
一般摩托車	95	
印刷機、紡織機、地鐵	100	
搖滾樂、PUB、KTV	100~110	
船的引擎室	115	
耳朵開始疼痛	120	永久性聽力損失
飛機起飛、飛機引擎	120~140	

參考資料：《噪音危害》，高雄科技大學環境安全衛生中心；《聲音療法的7大祕密》，生命潛能出版，2009；《教育部安全衛生通識課程教材》。

八十五分貝的情況，為了聽清楚耳機裡的聲音，我們常會不自覺調大音量，這時，耳朵承受的聲音大概很接近一百分貝，甚至不小心就超過一二〇分貝。一二〇分貝大約相當於飛機起飛時所發出來的聲音，想想看，這麼大的聲音，透過耳機直接進入耳道，對耳朵會造成多大的傷害。

2.一般生活電器：科技愈發達，方便好用的家電就愈多，不過，大多數人很少留意到，會產生噪音的家電也愈來愈多了，其中最常見的就是吹風機。吹風機的聲音大，也比較高頻，而且使用時非常靠近頭部，其實對耳朵帶來的壓力不小。另外，抽油煙機、果汁機、食物調理機、吸塵器……等，如果是品質比較不好的產品，聲音很容易就超過八十分貝，從頻譜來看，它們製造的聲音裡也有很多峰值，換句話說，這些電器不只是大聲，也有很多起伏劇烈的瞬間巨大音量。每天暴露在傷害力這麼強的噪音下，對聽力其實是一種慢性傷害，因此在選購這些家電時，要多多留意。

3.熱鬧的場所：不管是居家卡拉ＯＫ，或是ＫＴＶ、大型廟會，這些場所都很容易超過一百分貝。如果是大型演唱會，尤其是在搖滾區，大概有九〇％以上的時間也都超過一百分貝。雖然我們不是經常處在這樣的場所裡，但因為分貝數實在太高，短時間的暴露，就容易產生耳鳴或暫時性聽力損失，有些演唱會的音樂屬性如果是比較強烈的，甚至有些瞬間音量可能會超過一二〇分貝，這時就可能會帶來永久性的聽力損失，因此要特別小心。

白噪音不是噪音？ＡＳＭＲ讓人平靜還是帶來刺激？

近年來，很多人都在談白噪音（white noise），還有所謂的ＡＳＭＲ。

以往大家認為，愈安靜的環境，愈有助於睡眠品質，但不知各位有沒有注意到，為什麼有些小朋友平常可能很活潑好動，但搭車時卻很快就睡著？主要是因為車輛在行進時，引擎運轉的持續低頻聲音有助於入眠。還有人說，睡覺時開冷氣或電風扇，除了降溫外，因為它們運轉的聲音很規律，比完全安靜的環境更能幫助入睡。這些有助於入眠的規律運轉聲，就發揮了白噪音的功能。

白噪音也有人稱為白雜訊，指的是在某個頻段裡，從高音到低音的訊號功率都相當平整，甚至可說是接近恆定，沒有峰值，因此不會太過刺激或帶來驚嚇。此外，在嘈雜的環境裡，它反向創造了一種相對穩定的聲音，帶來一種屏蔽，好像把環境裡的其他聲響阻隔在外，就像創造了一種保護膜，有助於安定，也能幫助睡眠。這一類的聲音包括：雨聲、風聲、蟬鳴、鳥叫、濤聲、海潮音……等。根據一些科學報導，這樣的白噪音能夠調節腦內的多巴胺，我想，這可能是白噪音有助於睡眠的原因。

一定也有人會感到好奇，如果四周很安靜，為什麼還需要白噪音來幫助睡眠？這是因為如果太過安靜，聽覺反而會變得更敏感，任何聲音都會令人驚醒。白噪音能讓原本敏銳的聽覺有所聚焦，帶來某種安定感，在這頻率當中反而能安心入睡。

當然，我們也必須留意，冷氣機的壓縮機運轉聲音是很穩定的低頻，儘管有人認為有助於睡眠，但如果機器老舊、運轉振動太大，它還是會變成噪音，對人體有不好的影響。

現在有些人會特別錄製這類的情境音樂，如海浪聲、流水聲、下雨聲等，幫助失眠的人安定身心。這些經過篩選的白噪音，相對穩定，主要就是能創造一種場域，屏蔽外面的干擾，相對降低其他噪音的峰值影響，讓人更容易安定入睡。

ASMR是近年聲音界很夯的話題。它的全名是Autonomous sensory meridian response，中文譯名不少，例如「自發性知覺高潮反應」、「自發性知覺經絡反應」，或是「顱內高潮」等。

原本ＡＳＭＲ是指因為視覺、聽覺、觸覺，引發皮膚感覺到某些刺痛或刺激的感覺，也有人描述為麻或癢的感覺，主要發生在頭顱、脖子，或是背部。後來，人們比較常用它來描述聽到某些特定聲音時引發的腦內愉悅、放鬆的感覺，或是帶來舒眠的效果。

除了前面提到的下雨聲、海浪聲外，ＡＳＭＲ的涵蓋範圍更廣，例如：用砂紙磨木頭的聲音、翻動書頁的沙沙聲、鉛筆摩擦紙面的聲音、衣服磨蹭的聲音、腳踩過落葉的聲音、輕聲的耳語、包裝紙摩擦桌面的聲音、煮菜的聲音、切菜的聲音，甚至包括吃炸雞時的酥脆麵衣聲、氣泡飲料的開瓶聲，或是咀嚼食物的聲音……等，這些聲音都來自日常生活，是自然產生的，而不是刻意創造的聲音。

有些人認為，ＡＳＭＲ會帶來類似身體按摩的深層放鬆感，有些人覺得它能紓壓，有助於睡眠，因此許多人在網路上分享各式各樣ＡＳＭＲ的聲音，甚至很多品牌都透過ＡＳＭＲ來製作廣告。

目前有關ＡＳＭＲ的相關科學分析較少，也不是每個人對這類聲音都有類似的反應，甚至有人認為它帶來的不是放鬆，而是興奮或刺激感。因此，關於聲音和ＡＳＭＲ的關係，還是一個有待開發研究的世界。

不管是前面提到的哪一種ＡＳＭＲ聲音，都必須有某些合適的時機或條件，才能錄下音質好、可紓壓的聲音。我個人有個經驗做起來相對簡單，效果也很好，提供大家參考。

找一本你喜歡的經典文學或詩詞，把自己唸的聲音錄下來。除了經典文學或詩詞，也可以根據個人的信仰選擇宗教經典，例如基督徒唸聖經，佛教徒可以挑選某一部佛經來唸。無論是文學或宗教經典，錄完後在睡前播放，這些聲音會帶你進入一種安定的狀態，有助於身心放鬆，也有助於入眠。

樂器音質受共振影響，人體也是

人體有七〇％左右是水分，因此，人體也是一個振動體。就像提琴與提琴之間會產生共振一樣，人體既然會振動，也就會受其他聲音的振動影響。

一把提琴如果能有好的和弦音質，而且每條弦的共振品質都很好，就能製造出優美的琴聲，發出好的泛音，並且與人體產生共振。相對的，不和諧的琴音，不僅聽起來不舒服，長久下來，對身體也會帶來不好的影響。這種不和諧的聲音無法帶來療癒，除非你希望它帶來的是刺激。

除了樂器，還有很多器物都能製造泛音。泛音是製造共振、帶動人體共振的重要關鍵。它就像瀑布旁或深山裡的高濃度負離子、芬多精，能讓人感覺身心舒暢。泛音豐富的聲音，能讓人體所有細胞都感覺到共振。

一個樂器或器物如果能製造出好的高頻泛音、帶動好的共振，就能為人體帶來好的影響，以及好的療癒力。不過，如果製造樂器或器物時使用了不好的材質，或是本身的結構不夠好，那就無法產生好的泛音，也很難產生好的共振。

以常見的打擊樂器來當例子好了，不知你有沒有留意過，打擊樂器的材質大部分都是金屬，因為金屬相對較容易產生高頻泛音，而且大多數使用的金屬都是銅。例如，我們常見到銅鑼，但應該沒聽過不鏽鋼鑼，因為銅產生的高頻泛音，是人們比較喜歡的聲音。即使都是銅製的鑼，也會因為厚薄不一，或是敲擊的力量不同，產生出不同的音高，以及不同的共振頻率。

近幾年來，在音聲療癒的領域裡，有些聲音治療師開始透過銅鑼來協助治療。在歐洲的另類療法，也有很多人使用銅鑼來與人體調頻。銅鑼的振動透過空氣傳到人

好的銅缽可以發出好的高頻泛音，有助於安定、放鬆。

近幾年來，有些聲音治療師會使用銅鑼或缽來協助療癒。

體，再經過體內的水分帶動振動，讓五臟、六腑、細胞、血液、經絡共振，身體和心靈因而能逐漸安定、放鬆。

除了銅鑼，現在很多人也使用缽來進行療癒。不管是金屬缽、水晶缽，雖然材質不同、聲音不同，但都能帶來高頻的共振。尤其是銅缽，它的高頻共振聲音非常獨特。

同樣的，銅缽本身的材質厚薄、新舊，也會影響共振品質。我有一個來自尼泊爾的老缽，它的聲音所帶來的沉靜感，和新的缽就完全不同。

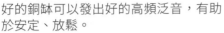

還有，這兩年愈來愈多人接觸的天鼓、手碟，它們使用的材質不同，或是厚薄不同，敲打時也都會有不一樣的聲音。

這些器樂的泛音在向上揚升的過程裡，會有很多不同的節點，物理學上叫做諧波。諧波愈多，延

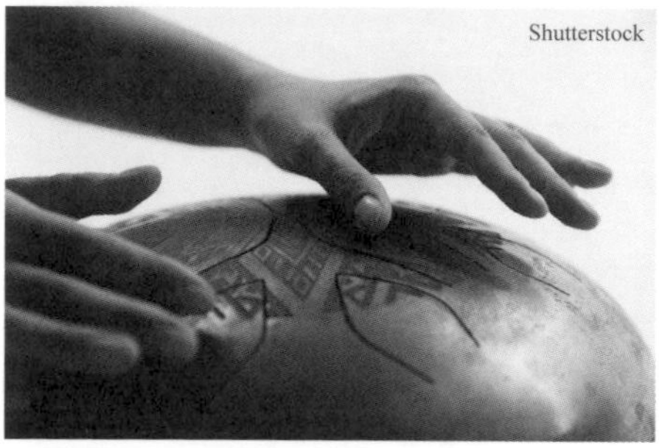

天鼓

手碟

伸性愈好，就能讓高音更加揚升，高音愈揚升，愈能夠帶動人體共振。

人類使用頌缽已經有好幾千年的歷史，因為高頻共振除了能讓身體放鬆以外，根據印度古老傳統的阿育吠陀(Ayurveda)說法，認為它可以平衡身體的七個脈輪，這也是為什麼很多人在冥想或靜坐時，喜歡搭配缽的聲音。

除了上述的樂器或器物，你知道嗎，人類也有自帶的樂器，那就是人聲，而且它具有自我療癒的功能。人聲的泛音更接近人體的共振，所以我們在教堂裡聽聖歌，或是在佛寺裡讀誦佛經時，都會因為有好的共振而沉靜、安定、放鬆。

另外還有一個器物也會帶來好的共振，只是一般人較少聯想到，那就是木製的發條音樂盒。音樂盒裡的機芯有數量不同的音梳，上發條後，透過機械原理撥動音梳，發出聲音。

這樣的音樂盒雖然構造簡單，每次播放時間不長，而且都是同一首曲子，曲目豐富度或許和手機、串流無法相比，不過，因為它是由天然材質製成的，如果整體設計、木材、塗層夠好，帶來的優質泛音會比串流音樂更適合人體共振。當然，樂曲的選擇也非常重要，因為音樂本身就是很好的載具。有些音樂盒雖然製作精美，但音樂卻未必能讓人放鬆。

雖然音樂盒和白噪音都有助於睡眠，不過方式並不一樣。白噪音可以屏蔽噪音，比較像用藥來處理失眠，我個人認為比較像被動式治療，有點治標不治本。相對而言，音樂盒則是透過高頻泛音來創造好的和諧，讓身體主動進入一種平衡的狀態，所以很多失眠的人在使用音樂盒之後，睡眠品質改善很多。

了解了聲音、共振與日常生活的關係，還有人體如何受共振影響之後，在下一章，我們即將進入另一個主題，那就是如何連結好的共振和人體的關係。這幾年來，很多人都開始以不同的角度與方式探索這個領域。

不過，在進入下一章之前，我想請大家先試著觀察一下：在你的生活周遭，是不是也存在著原本沒有留意到的聲音汙染？還有，讓你最容易放鬆的是什麼樣的聲音，或是什麼樣的音樂？讓你最難受的聲音或音樂，又是什麼呢？

每個人喜歡的聲音種類不同，如果能多觀察、辨別生活中各種好的聲音、不好的聲音，能幫助你避開會傷人的聲音，並且運用好的聲音來提升生活品質，對於了解如何連結好的共振與人體的關係，也會有很大的幫助。

Chapter 08

與好聲音一起共振

我們的每一個細胞都有自己的頻率，
包括心臟的跳動、血液的流動、
水分的傳送……等，
儘管我們聽不見，
但身體裡有無數共振在進行，
而這些共振，也會和其他頻率互相影響。

人體約有七〇%是水分，會產生各種細微的振動，例如心臟的跳動、血管的搏動，還有細胞與神經元之間的振動，因此人體本身就是一個振動體。人體裡這些很細微的振動，大部分的頻率都比較高，這些高頻振動，也就成為身心平衡的關鍵。還有，透過聽覺與身體來感受精微的泛音，能讓身心安定。

接下來我們就進一步聊聊，如果我們把人體當作一個載體，人體和共振頻率之間到底有什麼樣的連結。

人體就是一個振動體

首先跟大家分享我個人真實的經驗。這個故事我在前言裡簡單提了一下，這裡再進一步說明細節。

很多年前的一天下午，我到一位好朋友的店裡試聽音響。那天他放的是黑膠唱片，而且音響狀態調得非常好，我記得是義大利室內樂團演奏的《四季》，聲音非常美好，我們兩人都聽得感動不已。

我們就這樣坐著聽了十分鐘左右，忽然有一位客人推門進來。他因為沒有預約，有點抱歉的對老闆說，自己隨意看看就好，不好意思打擾我們。老闆就請他自在逛逛，等一下再招呼他。於是我和老闆又繼續聽音樂，但我看了老闆一眼，對他笑了一笑，耳力很好的老闆也看了我一眼，也笑了一笑。

不到三、五分鐘，那位客人還是覺得不好意思，決定先離開，改天再另外約時間過來。就在他推門而出的那一剎那，我和老闆兩人又相視而笑。

你猜，短短的那三、五分鐘，到底發生了什麼事？

說來也許很難相信。原本我和老闆聽的那張黑膠，在老闆調校聲音後，帶有非常漂亮的泛音，音場也非常開闊，細節豐富，感覺就像身臨演奏現場一樣清晰。沒想到這位客人推門一走進來的那個瞬間，高頻泛音完全消失，音場忽然大幅縮減，整個聲音的感覺完全變成另一種狀態。等到他推門而出時，原本的聲音品質又全都回來了。這實在是太神奇了。

從那次經驗裡，我真實感受到，原來人體與共振的關係是這麼緊密！

另外還有一個例子，是在我家發生的。

我有一套音響還不錯，所以我的好朋友常常來家裡一起聽音樂，等他太太下班後到我家裡來接他，他們再一起回家。有一天，我們兩人聽音樂聽得很開心，沒想到他太太一進來，突然間，上次在音響店的情況好像又重演了：音場改變了，聲音的光澤感消失了。我覺得很奇怪，不過那當下也不方便多問，只是私下對家人說，朋友太太的身體可能有點狀況。

不久，同樣的情形又發生了一次，但我還是沒有多問。後來，朋友再來聽音樂時，倒自己先提了。他說，他太太身體不太好，看了很多中西醫調理，但沒有太大起色。那時我才和他分享，前兩次他太太來時都會影響音響的音場變化，而且都是朝比較不好的方向發展，所以我有點為他太太擔心。那時，我也更加確認，人體與共振是息息相關的。

這兩次的經驗也讓我了解，為什麼愛因斯坦會說：「萬物皆振動。」還有物理學家尼古拉·特斯拉(Nikola Tesla)也說：「如果你想知道宇宙的奧祕，從思考能量、頻率、振動開始吧。」

同時我也體會到，共振確實可以影響人體，人體本身也會干擾共振。換言之，我們的每一個細胞都有自己的頻率，包括心臟的跳動、血液的流動、水分的傳送……等，儘管我們聽不見，但身體裡有無數共振在進行，而這些共振，也會和其他頻率互相影響。

我想，也因為人體本身就是共振體，所以最近這幾年，音樂治療或聲音治療逐漸受到重視。受過專業訓練的音樂治療師，透過音樂來協助個案接受生理、心理、情緒、認知等各方面的治療。聲音治療師則透過不同頻率的共振，來協助個案改善身心狀態。這些都已在國際間獲得高度的認可。

事實上，在許多古文明裡，也都有透過聲音來安定身心的傳統，所以現在有愈來愈多人開始探索薩滿或原住民族的吟唱，因為他們發現，人聲是最好的療癒工具，具有安定身心的力量。

為什麼人聲是很好的療癒媒介？我先舉伊凡娜·德·布希恩(Yvonne de Bruijn)當作例子來為各位說明。我和布希恩有幾面之緣，所以都稱她 Yvonne。

Yvonne 是國際知名的身心治療師，她的一部著作台灣有中譯本，書名是《人聲，奇蹟的治癒力》(*The Voice, the Body and the Brain: The Art of Resonance*)。她曾經分享過一個真實的經驗。很多年前，她接手治療一位腦部嚴重受傷的病患，那位患者動過多次腦部手術，失去了方向感、認知能力，以及味覺、嗅覺，無法恢復正常工作。Yvonne 當時透過吟唱的方式，在患者頭部後方吟唱了半個小時左右。這位病患後來沒有再回去複診，但打電話告訴 Yvonne，他的認知力、方向感漸漸恢復了，也能夠正常上班了。

這件事讓 Yvonne 對人聲的療癒能力感到驚訝，並開始將人聲的力量帶進工作坊。我曾參加過她的工作坊，從中收穫很多。

根據荷蘭烏特列支大學、德國諾伊斯國際生物物理研究所的研究發現，Yvonne 的吟唱，確實對人的大腦具有獨特的療癒力量。例如前面提到的這位腦傷患者，他之所以情況好轉，是因為腦部整體活化，大幅改善了身體的協調性。

為什麼 Yvonne 的吟唱具有這樣的力量？那是因為她的聲音能夠產生高頻泛音，而且是非常和諧、具有穿透力的高頻泛音。根據科學研究，腦細胞之間也是透過高頻泛音來相互溝通的，因此，當 Yvonne 吟唱時，她的聲音對啟動人體的自我療癒有非常大的幫助。

前面我們提過，聲音分為高頻、中頻和低頻，我個人認為，低頻可能對於清理和排毒有所幫助，但如果真正要發揮療癒功效，關鍵還是高頻的泛音，而且必須是品質很好的高頻泛音，才能透過共振，讓原本不和諧的振動變得和諧，啟動人體原有的自癒能力。

不過，要發出好的高頻泛音並不容易，如果掌握不好，反而會讓人很不舒服。這也是為什麼很多人擁有美妙的歌聲，演唱技巧也很好，卻很少人能像 Yvonne 那樣，可以透過吟唱帶來療癒的力量。

人體與聲音共振的兩種模式

既然人聲具有療癒效果，接下來我想進一步談談人聲共振療癒的模式，希望有助於大家在日常生活裡應用。

我個人把人聲共振療癒分為兩個模式：

1. 被動式音聲共振：透過音樂、其他人的歌聲或是大自然的聲音，帶動身體的和諧共振。

2. 主動式音聲共振：自己主動發聲，帶動體內共振。人聲就像一種氣動裝置，每個人都有各自不同的振動頻率，如果能自己發聲，帶動身體產生共振，效果會比被動式音聲共振好。因為主動發聲的頻率會更貼近自己身體的原有頻率。

那麼怎麼樣進行主動發聲，讓自己能夠隨時調頻，找回身心平衡？還有，怎麼樣才算是好的主動式音聲共振？根據我自己嘗試的經驗，我認為，好的主動式音聲共振應該要有以下兩個重點：

鬆：聲音要能夠鬆，才能製造更多泛音。

勁：聲音要能有勁道，而且要能集中。

鬆，是為了產生泛音，帶動共振，也才能帶動療癒的能量。有了鬆，也才能透過氣來讓聲音集中，也就是讓聲音有一個核心。聲音能在鬆中帶有一點勁道，能夠透過意念集中力量，也才能將高頻能量傳遞出去。

想要鬆中有勁，需要一些練習，以下和大家分享我的方法。

1.先放鬆身體，找到最舒服的站姿或坐姿，動一動頭、頸、肩膀、四肢，放鬆身體，才有辦法讓聲音鬆開。

2.鬆開念頭：慢慢把雜念收回來，覺察自己當下的狀態，盡量不要有任何的思緒，也不執著，不多想。如果出現了念頭，先讓它過去，這樣比較容易能帶動身體的鬆、聲音的鬆。

3.專注呼吸：先把氣吐光，然後再慢慢吸氣。一開始先把氣吐掉，目的是幫助你從腹部發聲，所以吐氣時，要專注在腹部。先不用在意吸氣、吐氣的時間有多長，練久了之後，氣自然就會變長。

4.鬆開喉嚨，開始發聲：慢慢試著發音，可以從A（ㄚ）、U（ㄨ）、M（閉口鼻音）這三個簡單的音開始。有些人會擔心：「我從小就唱歌不好，怎麼辦？」不需在意。這個發音練習的重點不在於歌唱得好不好，或音唱得準不準。只要把喉嚨鬆開，慢慢從A、U、M這三個簡單的音開始練習，讓自己成為一個音聲的帶動體。不需要特別注重發音如何，重要的是聲音夠不夠鬆。

5.自我觀察：一邊發聲，一邊觀察自己身體，找出共振的位置。例如發A這個音時，因為聲音比較往下沉，所以大部分共振會在身體的下半部，尤其是腹腔，甚或是腹腔以下。發U時，共振會在喉嚨和胸腔附近。發M時，共振會在臉部和顱腔。隨著放鬆的程度，你會感受到振動，甚至也可以練習讓意念稍微移到這幾個地方，然後觀察你的聲音與身體之間產生的共振感覺。

6.保持穩定的吐氣：剛開始練習時，吸氣和吐氣的時間不需太長，隨著練習經驗增加，再慢慢把時間拉長一點就好，不需太刻意，因為每個人的狀況不一樣。發聲時，想像有一股力量把聲音送出去，傳遞到前方某個定點，透過意識的集中，把聲音投射出去，同時要讓共振持續進行。

7.保持安靜：這是最後一個步驟，也是最重要的步驟。不管前面花了多少時間做發聲練習，這個步驟千萬不要省略。靜靜站著也好，靜坐也可以，至少保持三至五分鐘的安靜時間。前面發聲練習的努力，就為了這三到五分鐘的休息，因為身體的共振狀態一旦啟動，自癒能力也就悄悄開始運作。如果可以的話，建議像練完瑜伽後的大休息時間一樣，在這短短的幾分鐘裡，安靜的呼吸，緩慢的調息，靜靜感受身體裡因為發聲而帶動的共振的感覺，感受身體裡微微的氣感流動。當身體處於安靜狀態時，這些最細微的共振餘波，是最有效的療癒。

以上是主動發聲引導共振的一些練習。時間長短不拘，地點也沒有太多的限制，一切以自己方便、感覺舒適為原則。不過，這裡還有幾個簡單小小的提醒，提供各位練習時參考，這也是我從練習裡累積而來的經驗。

1.在練習過程裡，不要太在意發出的聲音好不好聽，只要開心練習，把聲音發出來，將意念放在你發出的聲音是否和身體產生了共振。

2.感覺聲音是否慢慢集中，漸漸延長時間和勁道。勁道不是指聲音的大小，而是力量的大小，必須是能夠帶動共振的力量，而非大聲喊叫。如果喉嚨不夠鬆，又過度用力，不但傷元氣，也無法持久。因此，發聲過程中要能夠穩定吐氣，最好能用腹式呼吸。只要吐氣穩定，就能維持穩定的共振，也就有機會傳遞比較好的共振品質。

3.我們每天的身體狀況都不一樣，因為飲食、睡眠、運動、壓力……等都會帶來影響，所以每次練習的時候，可以觀察吸氣、吐氣的長度如何，還有，即使同樣發出A、U、M的聲音，也可以留意身體感受到的共振是不是也不太一樣。

只要細心體會，就會察覺出不同，但也不需要太在乎這些差異，把意念輕輕拉回，繼續呼吸和發聲，繼續去體驗、感受就好。只要練習的次數夠多，氣血運行自然就會慢慢有些改變。當身體各個部位調到某個和諧的頻率後，身心的狀態也就會愈來愈平衡。

主動發聲製造的共振效果非常好，不過，因為工作、家庭、忙碌……等種種原因，有時也許沒有太多時間或體力來做主動式的音聲共振練習，這時候，最方便的方法，就是透過音樂來進行被動式的音聲共振。尤其疲憊的時候更需要補充能量，即使想自己發聲，也許會發覺心有餘而力不足，這時如果採用被動式的音聲共振，也是很好的選擇。

只要選擇音質與共振品質很好的音響，透過喇叭傳遞出來的聲音品質夠好，能讓聲音更立體、更鬆透、泛音更多，那麼就可以把心靜下來，聆聽這些具有能量的音樂，我們的身體就能和這些音樂共振，啟動自癒力。當然，音樂也要特別挑選過，因為不是所有音樂都具有好的能量。

不管是主動式或被動式的音聲共振，只要經常練習發聲，或透過音響和適當的音樂，讓共振能夠傳遞到神經細胞末梢，感覺好像微微有電流通過，或是隱約有種刺刺麻麻的感覺，甚至頭皮發麻、氣血流動，對身心平衡都非常有幫助。

這些都是我過去多年來研究聲音、親身測試所累積的經驗，很開心能和大家分享，也希望大家能多多嘗試。

好的共振與人體的關係

在前面的章節裡我曾經提過，同一位演奏者或演唱者，因為先天條件不同，以及後天的練習或技巧的差異，即使詮釋同一首曲子，也會為聽眾帶來完全不一樣的聆聽感受。我認為，當音樂家在演奏音樂的時候，他不僅是在彈奏樂器，同時也是在進行一場身體和心靈的「全體驗」，也就是沉浸在音樂裡，享受音樂，讓音樂影響他的生活和生命。

當樂器處於非常好的狀態時，音樂家會與樂器形成「人琴一體」的關係，他演奏出來的樂曲，自然就會帶來很好的共振。當音樂家進入生命的不同階段或身心狀態，他們鍾情的樂曲也會隨之改變，對樂曲也會有不同的感覺或詮釋，因此也會帶來不同的共振。

同樣的，聆聽者在聽音樂時，因為每個人的個性和身心狀態不太相同，就算聆聽同一首曲子，我們的感受和共振狀態也不一樣。

事實上，中醫很早就已經提出人體會受情緒和聲音影響的概念了，例如，《黃帝內經·素問篇》中就已經提到：

「在藏為肝，在色為蒼，在音為角，在志為怒……

「在藏為心，在色為赤，在音為徵，在志為喜……

「在藏為脾，在色為黃，在音為宮，在志為思……

「在藏為肺，在色為白，在音為商，在志為憂……

「在藏為腎，在色為黑，在音為羽，在志為恐。」

也就是說，五種臟器與顏色、聲音、情緒的關係是：

五臟：肝、心、脾、肺、腎

五色：青、紅、黃、白、黑

五音：角、徵、宮、商、羽

五志：怒、喜、思、憂、恐

在《黃帝內經·靈樞篇》中，更提到如何透過五音、五味，搭配經絡來辨證與治療，可惜相關的典籍都散佚了，所以後來的人必須透過反覆的推敲和驗證，才能慢慢理解《黃帝內經》裡說的是什麼意思。

國外的聲音治療權威強納森·高曼(Jonathan Goldman)也分析過聲音療癒的力量。他說：

「聲音是一種精微的能量……每個發生在自然界裡的聲音確實是一種多重頻率的組合，被稱作諧波或泛音。……我們的身體、頭腦，特別是耳朵，對特定諧波的精微效應是極為敏感的。即便你可能沒有意識到它們，諧波仍在影響著你的生活。人聲諧波（vocal harmonics）或是泛音鳴唱（overtone singing）這種古老的技巧在許多神聖傳統中使用著……當聲音治療的領域逐漸茁壯成長，愈來愈多的人發現，聲音的力量可以療癒或轉化。」[5]

高曼所謂的「轉化」，是透過頻率的轉化帶來變化，也就是說，透過聲音的力量，可以改變身心的平衡狀態。這也就是為什麼聲音治療或是音樂治療如今已在臨床應用上逐漸受到重視。

有些人認為，音樂的作品本身沒有好壞，我個人的經驗則告訴我，不同音樂家的作品，會讓不同狀態的人特別有共鳴。因為意識也是一種波的振動，演唱者或演奏者有各自不同的頻率，自然會影響這個樂曲呈現出來時的共振品質，因此演出者當下的意識和狀態，也會隨著音樂或歌聲，傳遞給聆聽的人。

例如，蕭邦的作品帶著憂傷，尤其情傷或心情比較低落沮喪時聽蕭邦的作品，特別容易產生共鳴。還有，貝多芬一生起伏劇烈，他寫出來的曲子，比較容易引起有類似人生經驗的人共鳴。

當音樂引起聆聽者共鳴，帶來療癒或安定的力量時，樂曲裡就有了作曲家、演

5 高曼，《聲音療法的 7 大祕密》(*The 7 Secrets of Sound Healing*)，生命潛能出版，二〇〇九年。

奏家和聆聽者的意識，也就是說，他們的能量波在這個意識場裡，即使跨越時空，還是可以帶來共振，這是一種跨時空的共振。

聲能生命科學：啟動自癒，從聲音共振開始

這幾年來，關於治療神經退化相關疾病的藥物開發都遇到了瓶頸，例如阿茲海默症、帕金森症或失智症等疾病的新藥研發先後遭遇困難，讓面對人口老化的世界充滿不安，甚至每個人都會擔心，自己年紀大了以後會不會有這方面的疾病，畢竟一旦發病後，會長時間造成家人很大的負擔。

造成神經性退化疾病的原因，最主要是由於神經細胞失去原有功能，彼此之間無法正常傳遞訊號，因此人的思維、行為和感覺無法正常運作。

神經細胞之間的訊息傳遞，主要是靠神經突觸的互相接觸。當神經細胞的電流脈衝傳到這些突觸時，會觸發釋放一些微量的化學物質，這些物質稱為「神經傳導物質」。科學家認為，阿茲海默症等疾病，是因為神經細胞的電流脈衝受到破壞，因此

影響了神經傳遞物質活動的能力。

二〇一八年，《科學人》雜誌報導，丹麥量子力學暨生物物理學家海姆伯格(Thomas Heimburg)認為，神經元屬於機械式運作，而不是數十年來科學家認定的電流回路模式。根據海姆伯格的理論，物理衝擊波在神經軸突上的傳遞，就像聲波一樣，而不是像過去科學家所認為的電脈衝。從二〇一一到二〇一八年，他花了七年時間進行許多測試，顯示出單一神經元的機械波運作方式，同時也開始進行一項重要實驗，測量機械波在單一神經元傳遞時所釋出的熱能。[6]

海姆伯格的理論不但引起其他科學家的興趣，也讓我們明白：神經脈衝比大多數科學家所認為的還要複雜。我個人認為，這可能也是神經性退化性疾病至今還沒有找到有效藥物的原因之一。

二〇二〇年二月，清華大學分子醫學研究所、生醫工程與環境科學系組成研究團隊，將對超高頻聲波更敏感的細胞蛋白注射到小鼠的深層腦區，讓小鼠也能夠感受到超音波，進而活化細胞，成功治癒了小鼠的帕金森症。這項將超高頻聲波應用在非侵入式治療的新發現，已經刊登在國際性期刊上，未來有可能應用在人體，為神經性

6 詳見《科學人》二〇一八年八月。

退化性疾病的治療帶來曙光。這也表示，未來聲音、聲波等對人體療癒有相當多的可能性。我非常期待，醫學界和科學家能夠持續開發這個領域，造福更多的人。

楊定一博士在提倡諧振式呼吸時，也曾經提到：

「當代的科學家已經發現人體內有一個預設的共振頻率，在這一頻率下，身體能發揮最佳功能。就像大地在七．八三赫茲的基礎極低頻或舒曼頻率下有最好的共振一樣，人體的五臟六腑，尤其是血液、心臟和呼吸道系統，則是在〇．一赫茲的梅爾頻率 (Mayer's rhythm) 有共振現象。」[7]

楊博士提到的科學家，是義大利心臟醫學家呂魯奇安諾．伯納迪(Luciano Bernardi)。二〇〇一年，伯納迪和研究團隊在英國醫學雜誌發表研究指出，在一般情況下，心跳血管的跳動與呼吸的頻率並不同步，但是透過念珠祈禱，或是唸誦經文，就能讓人體的呼吸、心跳等頻率穩定共振，這不但有助於提升身體的健康，也能讓人在心理層面達到平靜。

我個人投入聲音研究這麼多年，看到這些新的資訊及科學發現時，非常激動。

7 引自楊定一博士《諧振式呼吸》課程前言。

因為它們證明了我一直以來的直覺：聲音與共振，能啟動人體的自癒力，對於身體的影響，遠超過目前科學所知的範圍。我也相信，接下來我們即將進入「聲能生命科學」的時代。

面對愈來愈多的神經性退化性疾病，或其他目前仍缺乏有效治療方法的疾病，我們能為自己做的，除了透過飲食、運動來降低心血管疾病等危險因子，確保大腦能夠透過正常的血管網路獲取足夠的氧氣和養分外，我們還可以透過呼吸、靜坐，以及前面提到的主動式音聲共振、被動式音聲共振等練習，感受共振與身體之間的關係。

如果有機會，建議各位可以找出自己在不同情緒時習慣聆聽的曲目，閉上眼睛聽聽看，覺察一下，看看身體是否有不一樣的感覺？是不是有哪個部位和音樂有了共振的感覺？希望透過這些練習，能有助於你身心時時處於平衡狀態，讓聲音共振成為打開身心調頻的鑰匙。

讓聽覺進化，為自己的身心重新調頻

或許我們無法一下就能完全理解聲音的力量，
但我們可以先從拓展自己的聽覺開始，
讓自己的聽覺逐步進化，
學習辨識好的聲音，
避免壞的聲音控制或傷害身體，
並且透過好的共振，來爲自己的身心調頻。

在這本書裡，我將這趟聲音的探索之旅分成了三個部分，分別與大家分享了「聲音與好聲音」、「好的共振，是好聲音的源頭」、「人體就像樂器，好的共振啟動自癒力」三個重點。

在這趟旅程即將結束之前，我想再和大家分享多年前一位長輩給我的一句話，這句話讓我受益良多，我生命中有很多關鍵性的突破，也都和這句話相關：「你不可能因為拒絕而得到更多。」

量子力學出現後，人們對世界和宇宙的看法有了很大的不同，很多過去認為理所當然的事，不再是不變的真理，因為目前我們只透過已知的科學或儀器來認識宇宙、認識世界、認識人體。然而，如果透過不同的理論、不同的儀器，我們看到的宇宙、世界和人體，也會是不一樣的。

美國NASA曾經根據觀測結果指出，宇宙只有四%是一般物質，也就是現在人類所能夠體驗和了解的部分，另外二四%是暗物質，還有七二%是暗能量。

另外，我們生活在三維空間，但根據物理的弦理論，時空必須容許某種超對稱性，而且時空可能也必須是多維的。

還有，科學家也提出，宇宙中有兩種粒子可以傳遞熱能，一種是光子(Photon)，一種是聲子(Phonon)，其中聲子是構成聲波振動能量的最小單位，雖然不是物質，但也可視為粒子。

這些都是許多科學家至今仍努力想找出解答的奧祕，也提醒了我們，很多我們看不到的，未必都不存在，也未必不會影響我們。

聲音也是一樣。

雖然我在聲音這個領域已經投入了三十年的時間，但我知道，無論是聲音、頻率、共振、空間、環境場，還有人體本身，其中還有很多很多的關連有待我們持續去探索、開發。

耳朵是如此敏感的器官，但是我們對聲音的理解，卻是這麼的少！這也是為什麼我希望透過這本書，和大家分享我這些年來點點滴滴累積的心得、感受或經驗。

我也很想告訴大家，或許我們無法一下就能透過理論來完全理解聲音的力量，但我們可以先從拓展自己的聽覺開始，讓自己的聽覺逐步進化，學習辨識好的聲音，避免壞的聲音控制或傷害身體，並且透過好的共振，來為自己的身心調頻。

最後，我想再跟大家分享關於聲音的幾段話。

第一段出自社會學家、作家李明璁先生為《聽見聲音的地景》一書所寫的導言：

「當你的耳朵徹底打開、並能明辨各種層次的聲音時，你的身體也就同時朝向自然萬物（也可能反過來，不是對外開放而是反求諸己、面對心靈深處）地打開了。莫瑞・薛佛說，這就是一種『清耳練習』。

「倘若清了耳，穿越了各種雜訊噪音而能專注聆聽，我們就可能重新發現三種重要的聲音：被科技事物與消費主義擠壓破壞的自然生態，被社會腳本與功利關係僵化界定的他人對待，以及被現實生活與角色扮演困住無解的自我存在。由此，清耳聆聽、反身思辨、起身行動，便構成了三位一體的新生活實踐。」

第二段，出自自然作家、台灣聲景協會理事長范欽慧小姐為《聽見聲音的地景》所寫的推薦序：

「我很慶幸自己可以來到沒有人煙的荒野中，長時間淨化那被蒙塵許久的天線，學習啟動對焦，透過自然的音律，重新連結土地與自我。

「野地錄音的工作持續了二十年，讓我逐漸發現環境正在改變，但是大部分的人渾然不察，他們無法聽得見這樣的差別，我才警醒到，原來我們真正需要，是一套透過聆聽來認識環境的聲音教育。」

最後是聲景生態學之父莫瑞·雪佛(Murray Schafer)的這句話：

「聲音充滿了各種可能。」

在這本書裡，有很多內容可能是你第一次接觸，無論你選擇這本書是出於好奇，還是因為對於新知保持開放的心，希望這些內容都為你打開了另外一個耳朵，讓你更進一步了解聲音與共振，讓你走進了聽覺進化、為身心調頻的新旅程。

我是傑克，希望我們很快就能再見面，一起展開另一場聲音的探索之旅。

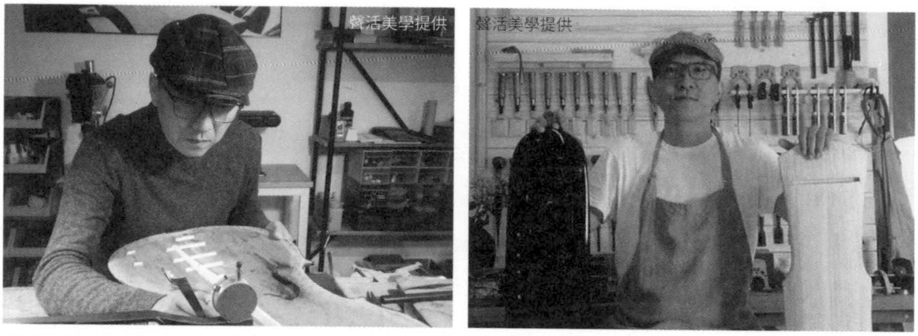

我從DIY調整音響的發燒友，進而拜師學習製作古琴、提琴，都是爲了探索聲音的奧祕。

致謝

很多朋友說我是跨界的聲音瘋子，默默探索聲音這麼多年，其實我自己也不知道為什麼會對聲音如此著迷，有時候甚至會有一種千山獨行的感覺！

首先感恩宣明智董事長，方國健董事長，姜長安董事長，林次平董事長，張錫董事長，李良玉總經理。二〇一七年，這幾位科技金融文化先進鼓勵我出來分享對聲音獨特的理解，讓我有勇氣將這三十多年的研究整理成「超波導引能量科技」，分享給世界。

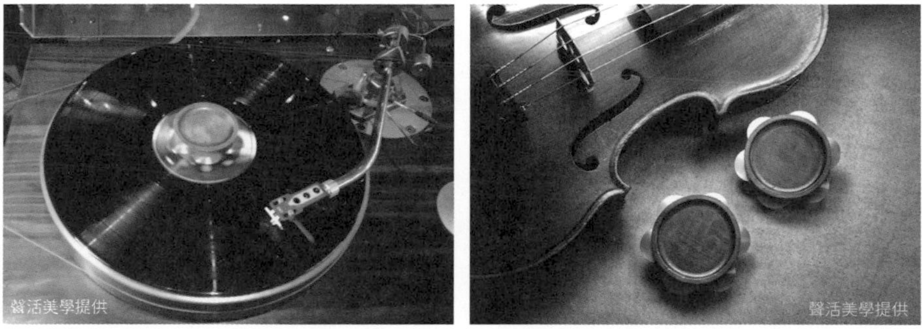

累積三十年調校音響、製琴、調校樂器的經驗後，我研發出「超波導引能量科技」，透過專利音質優化塗層與共振器，來提升音響、樂器的共振品質。

二〇一八年，在台北國際會議中心舉行的國際電子生醫論壇，我首次發表了〈啟動自癒，從聲音共振開始〉，提出如何運用聲音來平衡人類的三個腦，啟動自癒功能，揭開音聲療癒探索序幕。二〇二〇年，感謝中華整合醫學與健康促進協會林承箕理事長和樓宇偉博士的邀請，我在十月四日大會上分享了〈音聲療癒與意識整合〉，獲得熱烈的交流與回應。

在新冠病毒疫情最嚴峻的時刻，我開始將「超波導引能量科技」運用在音響上，研發完成可以共振經絡的音聲共振療癒系統，也陸續分享「音聲療癒的二十一堂課」，推廣主動音聲共振與被動音聲共振，隨後又推動「音聲療癒諮詢」，開啟音聲療癒新的樂章。同年底，開辦「音聲共振大未來」實踐系列講座，推廣身心平衡日常實踐方法。

聲活美學提供

聲活美學提供

隨著對共振的了解逐漸加深，我也開始探索聲音、人體、空間、共振之間的關連，陸續與中醫界、聲音治療工作者合作，在各個領域裡，進一步探索超波導引概念的適用性。

感謝《人體使用手冊》作者吳清忠老師的肯定，將「超波導引能量科技」納入他的經絡科技系統之中。

感謝自天然經絡氣血共振儀的技術長趙光正，將「超波導引音質優化塗層」運用在共振系統之中。

最後感謝漫遊者文化及遍路文化創辦人李亞南、地平線文化總編輯周本驥、遍路文化執行長吳巧亮、特約編輯周宜靜，花了近兩年的時間規劃、製作、編輯，完成長達六個半小時高品質的《聲音的力量》影音課程，還有這本《聲音的力量》，結合了影音和文字的力量，完整的將我三十年來對聲音的理解有系統地介紹給大家！

聲音可能是人類未來許多項目的突破口，連特斯拉電動車的創始人伊隆．馬斯克近年都投入聲音晶片植入的實驗，試圖治療目前許多人類難解的疾病。聲音也已在互聯網、人工智慧、大數據和醫藥學等領域，陸續萌芽發展。聲音的未來，十分令人期待。

謝謝上天的推動，讓我有機會和各位分享這麼多，也期待和大家一起繼續探索聲音的力量。

Master Acoustics

延伸共振

（依出版日期排序）

◎《聽見聲音的地景：一〇〇種聆聽與聲音創造的練習》，R．莫瑞．薛佛（R. Murray Schafer）著，趙盛慈譯，大塊文化出版，二〇〇七年

◎《氣的樂章：氣與經絡的科學解釋，中醫與人體的和諧之舞》，王唯工著，大塊文化出版，二〇〇九年

◎《聲音療法的七大秘密〔附贈靈性音樂ＣＤ〕》，強納森·高曼（Jonathan Goldman）著，奕蘭譯，生命潛能出版，二〇〇九年

◎《療癒之聲：探索諧音共鳴的力量》，強納森·高曼（Jonathan Goldman）著，林瑞堂譯，生命潛能出版，二〇一〇年

◎《氣血的旋律：血液為生命之泉源，心臟為血液之幫浦，揭開氣血共振的奧

祕》，王唯工著，大塊文化出版，二〇一〇年

◎《氣的大合唱：人體、科學、古今中醫藥，齊唱未病先治之歌》，王唯工著，大塊文化出版，二〇一一年

◎《一平方英寸的寂靜：走向寂靜的萬里路，追尋自然消失前的最後樂音》，戈登·漢普頓、約翰·葛洛斯曼(Gordon Hempton、John Grossmann)著，陳雅雲譯，二〇一一年

◎《人聲，奇蹟的治癒力》，伊凡·德·布奥恩(Yvonne de Bruijn)著，施如君譯，橡樹林出版，二〇一三年

◎《搶救寂靜：一個野地錄音師的探索之旅(加附自然聲景原音CD)》，范欽慧著，遠流出版，二〇一五年

◎《好聲音的科學：領袖、歌手、演員、律師，為什麼他們的聲音能感動人心?》，尚·亞畢伯(Jean Abitbol)，張喬玟譯，本事出版，二〇一七年

◎《為什麼傷心的人要聽慢歌：從情歌、舞曲到藍調，樂音如何牽動你我的行為》，丹尼爾·列維廷(Daniel J. Levitin)，林凱雄譯，二〇一七年

◎《聲音的奇妙旅程》，崔弗·考克斯(Trevor Cox)著，楊惠君譯，馬可孛羅出

版，二〇一八年

◎《諧振式呼吸》(線上課程)，楊定一講授，風潮，二〇一九年

◎《波的科學》，蓋文・普瑞特－平尼(Gavin Pretor-Pinney)著，甘錫安譯，貓頭鷹出版，二〇二〇年

◎《心念自癒力：突破中醫、西醫的心療法》，許瑞云、鄭先安著，天下文化，二〇二〇年

國家圖書館出版品預行編目 (CIP) 資料

聲音的力量 : 喚醒聽覺, 讓聽覺進化, 與好聲音共振 / 陳宏遠(傑克) 著. -- 初版. -- 臺北市 : 地平線文化, 漫遊者文化, 2020.11

面； 公分

ISBN 978-986-98393-5-8(平裝)

1. 聲音

334 109016991

聲音的力量
喚醒聽覺，讓聽覺進化，與好聲音共振

作　　者　傑克（陳宏遠）
封面設計　Javick
文字協力　董晶瑩
特約編輯　周宜靜
內頁排版　高巧怡
行銷企劃　蕭浩仰、江紫涓
行銷統籌　駱漢琦
業務發行　邱紹溢
營運顧問　郭其彬
總 編 輯　周本驥
出　　版　地平線文化／漫遊者文化事業股份有限公司
地　　址　台北市103大同區重慶北路二段88號2樓之6
電　　話　(02) 2715-2022
傳　　真　(02) 2715-2021
服務信箱　service@azothbooks.com
網路書店　www.azothbooks.com
臉　　書　www.facebook.com/azothbooks.read
發　　行　大雁文化事業股份有限公司
地　　址　新北市231新店區北新路三段207-3號5樓
電　　話　(02) 8913-1005
訂單傳真　(02) 8913-1056
初版一刷　2020年11月
初版四刷　2024年5月
定　　價　台幣350元

ISBN　978-986-98393-5-8